石油化工核磁技术应用

谢道雄　唐全红　罗重春　编著

中国石化出版社

内 容 提 要

本书内容包括核磁共振技术、核磁共振波谱分析、石油化工核磁共振分析系统、核磁共振油品物性分析、典型应用案例，共五章。对核磁共振分析技术进行了详细的介绍，涵盖了核磁共振技术基础知识、核磁共振波谱分析方法等，着重介绍了核磁共振分析技术在石化领域的应用及典型案例，为核磁共振分析技术在石化领域的深化应用提供了经验。

本书可为高等院校、科研院所和相关行业的研究人员、工程技术人员和管理人员提供参考。

图书在版编目(CIP)数据

石油化工核磁技术应用 / 谢道雄，唐全红，罗重春编著.—北京：中国石化出版社，2019.2
ISBN 978-7-5114-5219-1

Ⅰ.①石… Ⅱ.①谢… ②唐… ③罗… Ⅲ.①核磁共振-应用-石油化学工业 Ⅳ.①TE65

中国版本图书馆 CIP 数据核字(2019)第 025500 号

未经本社书面授权，本书任何部分不得被复制、抄袭，或者以任何形式或任何方式传播。版权所有，侵权必究。

中国石化出版社出版发行
地址：北京市朝阳区吉市口路9号
邮编：100020　电话：(010)59964500
发行部电话：(010)59964526
http://www.sinopec-press.com
E-mail:press@sinopec.com
北京科信印刷有限公司印刷
全国各地新华书店经销

*

710×1000 毫米 16 开本 9.75 印张 190 千字
2019年4月第1版　2019年4月第1次印刷
定价：38.00 元

前 言

当今世界，信息化浪潮席卷全球，云计算、物联网、大数据、人工智能等新一代信息技术蓬勃发展，信息技术与先进制造技术的深度融合，兴起了以智能制造为代表的新一轮产业变革，正在引发世界产业竞争格局的重大调整。党的十九大提出，要加快建设制造强国，加快发展先进制造业。

石油化工行业是我国国民经济的基础和支柱产业之一，是先进制造业的核心，也是我国经济社会持续健康发展的重要支撑。石油化工行业大力推进智能制造，是顺应时代发展迫切需要，贯彻实施《中国制造2025》主攻方向，落实工业化和信息化深度融合、打造制造强国的战略举措，更是我国传统石油化工行业转方式调结构、提质增效和转型发展的关键所在。

"十二五"以来，石油化工行业认真落实党的十八大战略部署，积极推进石油化工行业"两化"深度融合，以智能制造为重要抓手，有效地应对经济新常态下面临的各种挑战，将先进的信息技术与石化传统流程行业的核心业务紧密结合，涌现出了一批石油化工智能制造典型企业及炼油全流程一体化优化等实践案例。

近年来，随着计算机技术和现代分析检验技术的飞速发展，在石油化工行业分析领域，出现了核磁共振波谱(NMR)快速分析技术，可在短时间内得到原油及各种油品的大量物性数据，为指导和优化石油化工企业的生产提供准确、快速的质量参考数据。

全流程优化是企业创效的重要手段，原料油快速评价是实现全流程优化的重要基础。本书理论与实践相结合，深入浅出，系统地介绍了核磁共振基础知识、技术特点、波谱分析理论、快速评价系统组成以及在石油化工行业现场应用场景、建模方法、物料物性的分析，是理论研究成果与实践经验的总结，内容主要包括核磁共振技术、核磁共振波谱分析、石油化工核磁共振分析系统、核磁共振油品物性分析及典型应用案例等。

本书编写的目的，是为推进核磁共振技术在石油化工行业广泛应用，可为高等院校、科研院所、工业企业的研究人员、工程技术人员和管理人员提供借鉴和参考。

本书由谢道雄、唐全红、罗重春编著。中国石化九江石化公司徐燕平、王琤、李舜、康伟清、韩跃辉、蔡晓芳，北京泓泰天诚科技有限公司赵士鉴、刘阳、陈建军、王巨龙、侯晓宇参与编写，全书由谢道雄定稿。本书编写工作得到了中国石化九江石化公司、北京泓泰天诚科技有限公司等单位的大力支持和协助，在此致以衷心的感谢。本书还参考了国内外多种文献资料，为此，对相关文献作者的工作成就表示敬意。最后，感谢为本书的资料整理、校对付出了辛勤劳动的工作者。

由于作者水平有限，书中难免有不妥之处，恳请读者批评指正。

编　者

目 录

第一章 核磁共振技术 ……………………………………………………… (1)
  第一节 核磁共振技术发展 …………………………………………… (1)
  第二节 核磁共振基础知识 …………………………………………… (2)
    一、核磁共振基本原理 ……………………………………………… (2)
    二、核磁共振化学位移 ……………………………………………… (3)
    三、核磁共振技术分类 ……………………………………………… (5)
    四、核磁共振应用领域 ……………………………………………… (10)
  第三节 核磁共振技术优势 …………………………………………… (15)
    一、核磁共振技术的特点 …………………………………………… (15)
    二、与传统检测方法的区别 ………………………………………… (16)
    三、与常规分析技术的比较 ………………………………………… (17)

第二章 核磁共振波谱分析 ………………………………………………… (19)
  第一节 核磁共振波谱分类 …………………………………………… (19)
    一、核磁共振氢谱图 ………………………………………………… (19)
    二、核磁共振碳谱图 ………………………………………………… (22)
    三、核磁共振其他谱图 ……………………………………………… (25)
  第二节 核磁共振谱图解析 …………………………………………… (26)
    一、^1H 谱图解析 …………………………………………………… (26)
    二、^{13}C 谱图解析 ………………………………………………… (28)
    三、综合解析 ………………………………………………………… (29)
  第三节 核磁共振定量分析 …………………………………………… (31)
    一、定量分析法的依据 ……………………………………………… (31)
    二、定量分析方法 …………………………………………………… (32)
    三、化学计量学方法 ………………………………………………… (35)

第三章 石油化工核磁共振分析系统 ……………………………………… (38)
  第一节 石油化工行业特点 …………………………………………… (38)
  第二节 核磁共振分析系统 …………………………………………… (40)
    一、核磁共振技术应用范围 ………………………………………… (40)

二、离线核磁共振分析系统 ………………………………………（41）
　　三、在线核磁共振分析系统 ………………………………………（48）
　第三节　石油化工核磁共振技术应用场景 ……………………………（56）
　　一、离线核磁共振分析系统应用 …………………………………（56）
　　二、在线核磁共振分析系统应用 …………………………………（65）

第四章　核磁共振油品物性分析 ………………………………………（83）
　第一节　油品物性定性和定量分析 ……………………………………（83）
　第二节　典型物料分析 …………………………………………………（83）
　　一、原油的分析 ……………………………………………………（84）
　　二、汽油的分析 ……………………………………………………（88）
　　三、煤油的分析 ……………………………………………………（96）
　　四、柴油的分析 ……………………………………………………（101）
　　五、重油的分析 ……………………………………………………（108）
　第三节　物性分析模型 …………………………………………………（117）
　　一、建立模型数据的收集 …………………………………………（117）
　　二、模型的建立 ……………………………………………………（117）
　　三、模型的验证与应用 ……………………………………………（118）
　第四节　典型物性快速分析 ……………………………………………（119）
　　一、水含量的快速分析 ……………………………………………（119）
　　二、酸值(度)的快速分析 …………………………………………（120）
　　三、硫含量的快速分析 ……………………………………………（120）
　　四、密度的快速分析 ………………………………………………（121）
　　五、其他关键物性的快速分析 ……………………………………（122）

第五章　典型应用案例 …………………………………………………（124）
　第一节　装置在线核磁共振分析应用案例 ……………………………（124）
　　一、概述 ……………………………………………………………（124）
　　二、在线 NMR 分析系统组成 ……………………………………（124）
　　三、物料物性分析 …………………………………………………（125）
　　四、数据比对 ………………………………………………………（126）
　　五、应用效果 ………………………………………………………（137）
　第二节　NMR 在原油调和中的应用案例 ……………………………（144）
　　一、前言 ……………………………………………………………（144）
　　二、原油调和方案 …………………………………………………（144）
　　三、国外某炼化企业的 NMR 在线原油调和系统应用 …………（145）
　　四、结论 ……………………………………………………………（148）

第一章 核磁共振技术

第一节 核磁共振技术发展

核磁共振是交变磁场与物质相互作用的一种物理现象,最初是由奥地利物理学家沃尔夫冈·泡利(W. Pauli)在1924年提出的,他认为原子核具有磁矩,核磁矩与其本身的自旋运动相关,基于此理论成功解释了原子光谱的超精细结构。

20世纪30年代,物理学家伊西多·拉比发现在磁场中的原子核会沿磁场方向呈正向或反向有序平行排列,而施加无线电波之后,原子核的自旋方向发生翻转。这是人类关于原子核与磁场以及外加射频场相互作用的最早认识。基于此项研究,拉比于1944年获得了诺贝尔物理学奖。1946年,哈佛大学珀赛尔(E. M. Purcell)用吸收法首次观测到石蜡中质子的核磁共振(NMR),几乎同时美国斯坦福大学布洛赫(F. Block)用感应法发现液态水的核磁共振现象[1],揭示了具有奇数个核子(包括质子和中子)的原子核置于强磁场中,再施加特定频率的射频场,会发生原子核吸收射频场能量的现象。这就是人们最初对核磁共振现象的认识[2]。

最初核磁共振技术主要应用于核物理方面,由于其可深入物质内部而不破坏样品,并具有迅速、准确、分辨率高等优点而得以迅速发展和广泛应用,并逐步从物理学渗透到化学、生物学、地质学、医学以及材料等学科,在科研和生产中发挥了巨大作用[3]。

在20世纪的半个世纪中,NMR技术先后经历了几次质的飞跃。1945年NMR信号的发现,1948年核磁弛豫理论的建立,1950年化学位移和偶合常数的发现以及1965年傅里叶变换谱学的诞生,迎来了NMR真正的繁荣期;自20世纪70年代后,NMR发展异常迅猛,形成了液体高分辨、固体高分辨和NMR成像三雄鼎力的新局面。二维NMR的发展,使得液体NMR的应用迅速扩展到生物领域;交叉极化技术的发展,使20世纪50年代就发明出来的固体魔角旋转技术在材料科学中发挥了巨大的作用;NMR成像技术的发展,使NMR进入了与人类生命息息相关的医学领域[4]。

随着核磁技术的发展,近十年来NMR逐渐走进石油化工领域,尤其是在石油勘探、测井、原油评价以及石油产品应用中发挥着越来越大的作用。在科学技术日新月异的今天，随着核磁共振技术的不断改进，石油科技工作者将来可以通过更先进的核磁技术获得更为精确的数据，了解油品复杂物质结构与组成的信息。相信在不久的将来，可以实现核磁共振技术与其他高端的化学组成分析方法有机的结合，石油科研与生产工作者将会较为综合、清晰地阐明重油中各种稠环大分子物质的化学组成与结构，这必将对整个能源利用行业具有重大意义[5]。

第二节 核磁共振基础知识

一、核磁共振基本原理

核磁共振是磁矩不为零的原子核在外磁场中，受到特定频率电磁波照射时，发生能级跃迁的现象。我们知道，原子核带有正电并产生自旋运动，核的自转使核在沿键轴的方向上产生一个磁矩，其大小可以用核磁矩 μ 表示。研究表明，核磁矩 μ 与原子核的自旋角动量 P 成正比，即：

$$\mu = \gamma \cdot P \tag{1-1}$$

式中 γ——比例系数，称为原子核的磁旋比。

核的自旋角动量 P 是量子化的，不能任意取值，可用自旋量子数 I 来描述，即：

$$P = \frac{h}{2\pi}\sqrt{I(I+1)} \tag{1-2}$$

式中 h——普郎克常数，$6.6260755(40) \times 10^{-34} J \cdot s$。

因此，核磁矩可表示为：

$$\mu = \gamma P = \gamma \frac{h}{2\pi}\sqrt{I(I+1)} \tag{1-3}$$

自旋量子数，一般有以下三种情况：
① 当质量数为奇数时，I 是半整数。
② 当质量数为偶数，电荷数为奇数时，I 是整数。
③ 当质量数为偶数，电荷数为偶数时，I 是零，这一类核不给出 NMR 信号。

自选量子数 I 为 1/2 的原子核（如 ^1H、^{13}C、^{19}F、^{31}P 等），可看作核电荷均匀分布的球体，并像陀螺一样自旋，有磁矩产生，是核磁共振研究的主要对象。原子核能级如图 1-1 所示。

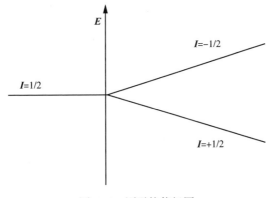

图 1-1 原子核能级图

原子核能级之间的差值大小，与原子核自身的磁矩 μ 和外加磁场强度 H_0 有关，当原子核种类确定时，磁矩 μ 也为定值，此时能级差与磁场强度 H_0 成正比，即：

$$\Delta E = E_2 - E_1 = \frac{\gamma h}{2\pi} H_0 \tag{1-4}$$

用适当频率的电磁波照射原子核后，如果电磁辐射光子的能量 $h\nu$，恰好为两相邻核能级之差 ΔE，则原子核就会吸收这个光子，产生能级跃迁现象，即发生共振，此时电磁辐射频率 ν 与磁场强度之间满足：

$$\nu = \frac{\gamma H_0}{2\pi} \tag{1-5}$$

式(1-5)即为原子核产生共振的条件。对于同一种原子核来说，磁旋比 γ 为定值，因此发生共振所需要电磁波的频率与外加磁场强度成正比。

二、核磁共振化学位移

1. 化学位移定义

化学位移是核磁共振中的一种术语，是因原子核的化学环境不同所引起核的信号位置发生偏移。在外磁场作用下，核外电子会产生方向相反的感应磁场，即屏蔽效应，使原子核实际感受到的磁场强度减弱，共振频率随之改变。由于核所处的化学环境不同，其周围电子云密度也会有所不同，导致其共振频率也会有所差异，即引起共振吸收峰的位置偏移，这种现象称之为化学位移。

化学位移的差别是很小的，差异大约在 10^{-6} 范围内，即百万分之几，难以精确测得数值，因此常用相对数值表示法来进行表示，即选用一个标准物质，以该标准物的共振吸收峰所处位置为零点，其他吸收峰的化学位移值根据这些吸收峰的位置与零点的距离来确定。最常用的标准物质是四甲基硅烷（Tetramethyl silicon，简称TMS）。选择 TMS 作为标准物，主要是因其具有如下优点：在化学性质上是惰性的，不破坏检测样品；12个氢核处于完全相同的化学环境中，共振条件完全一致，即磁各向同性，并且吸收位置几乎比常见的所有有机物中的质子的吸收位置都要高；能溶于大多数有机溶剂中。

化学位移在NMR上应该有一个标度，这就是常用的化学位移值δ。由于在各结构中没有完全裸露的氢核，因此化学位移没有绝对的标准。与裸露的氢核相比，TMS的屏蔽效应较强，化学位移较大。因此，可规定$\delta_{TMS}=0$，其他种类氢核的位移为负值，负号不加。δ越小，屏蔽效应越强，共振需要的磁场强度越大；δ越大，屏蔽效应越弱，共振需要的磁场强度越小。

化学位移值δ的计算，主要是以TMS的共振频率作为参比，试样共振频率$\nu_{试样}$和标物TMS共振频率ν_{TMS}之间的差值与外加射频频率ν_0的比值，即为δ的计算方法。由于试样共振频率和标物TMS共振频率之间相差非常小，是外加射频频率的百万分之几，为方便起见，通常在结果后乘上10^6，即：

$$\delta = \frac{\nu_{试样} - \nu_{TMS}}{\nu_0} \times 10^6 \qquad (1-6)$$

应当说明，δ是一个相对值，它与所用仪器的磁场强度无关，用不同磁场强度的仪器，无论是300MHz还是700MHz，所测得的同一分子中相关质子的δ值是相同的。但是，核外电子在外加磁场作用下产生的感应磁场（对外加磁场来说是一个逆磁屏蔽）是与外加磁场成正比的。分辨率高的NMR仪器，如700MHz，虽然测得的同一分子中相关质子的δ值与300MHz的相同，但当外加磁场强度增高时，各个信号之间的距离就增大了，这就是我们常说的分辨率高的NMR仪器能把吸收峰拉开，有助于信号解析。

通常情况下，NMR谱图都是按δ由右至左逐渐增大的顺序来排列的，所以屏蔽较大的原子核出现在谱图的右端。

2. 屏蔽效应及其影响因素

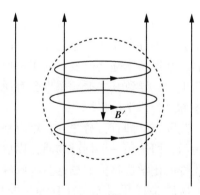

图1-2 屏蔽效应

化学位移的产生是因为分子中的原子核实际所感受到的磁场强度B与外加磁场强度B_0有微小的差别。B_0相当于除去核外电子的裸露的原子核所感受到的磁场强度。在原子中，B一般要比B_0要略小一些，因为外加磁场引起电子在其原子轨道上形成环流，产生磁矩，其效果相当于在线圈中通入电流，产生与B_0方向相反的磁场B'，如图1-2所示，所以原子核周围电子对原子核产生屏蔽效应（$B=B_0-B'$）。

B' 与 B_0 成一定比例，外加磁场 B_0 越强，它所激发的电子越多，产生的反向磁场 B' 越强（B' 的强度仅为 B_0 的 10^{-4} 至 10^{-5}）。因此，原子核所受到的磁场强度可以表示为：

$$B = B_0 - B' = B(1-\sigma) \quad (1-7)$$

式中 σ——B' 与 B_0 的比例常数，称为屏蔽常数。

由于屏蔽效应可得：

$$\nu = \frac{\gamma B_0(1-\sigma)}{2\pi} \quad (1-8)$$

即处于原子中的原子核的共振频率比除去核外电子的裸露原子核的共振频率低。

图 1-3 为产生屏蔽效应的本质，也是产生化学位移的最主要原因。质子的屏蔽程度依赖于和质子相连的原子或基团，以及与质子邻近的原子或基团的吸电子能力和各种电子效应（诱导效应、共轭效应、立体效应等）。通常氢核周围的电子云密度越大，屏蔽效应也越大，从而需要在更高的磁场强度中才能发生核磁共振现象，并产生吸收峰。

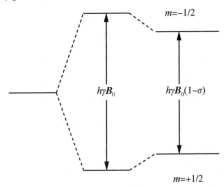

图 1-3　屏蔽本质

一般影响化学位移的因素可分为内因和外因。内因主要是核周围的化学环境（分子结构）不同产生的诱导效应、共轭效应、磁各向异性效应、氢键作用等，而外因主要是溶剂效应、温度等因素。

三、核磁共振技术分类

核磁共振技术主要有两个学科分支：核磁共振波谱技术（Nuclear Magnetic Resonance Spectroscopy，简称 NMR）和磁共振成像技术（Magnetic Resonance Imaging，简称 MRI）[6]。

核磁共振波谱技术具体又可分为固体核磁共振波谱技术（Nuclear Magnetic

Resonance Solid Analysis Technology)和液体核磁共振波谱技术(Nuclear Magnetic Resonance Liquid Analysis Technology)。以上两种技术都是基于化学位移理论发展起来的，主要用于测定物质的化学成分和分子结构。磁共振成像技术诞生于1973年，它可以用于获取多种物质的内部结构图像。下面对其分别进行介绍。

(一) 固体核磁共振波谱技术

作为核磁技术的一个重要分支，固体高分辨核磁共振方法是近十几年发展起来的一种实验技术。过去对于固体样品只能得到宽线的谱图，但在许多体系中，人们对固态的性质更有兴趣，希望得到分辨率更高的核磁共振谱图。例如，在物理学中，固体材料中的杂质及位错，固体材料中的相变、半导体、超导体的性质、原子在金属及合金中的扩散；在化学领域中，多相催化体系的表面性质、高聚物结构与性能的关系，煤、油页岩等固体燃料的组成，在生物学中，生物大分子的性质等[7]。

然而由于聚集态的差异使得固体和液体的物理性质不尽相同，为固体核磁技术的实现增加了难度[8]。随着以交叉极化、魔角旋转和高功率去偶技术为标志的固体高分辨核磁共振技术的出现，带动了固体核磁共振波谱技术的发展。

固体缺少类似液体形态下的运动状态，因此多种相互作用特别是偶极相互作用使其核磁共振线宽一般为几十千赫的量级，从而掩盖了化学位移及自旋偶合等分子信息。所谓固体高分辨率核磁共振，便是采用某种人为的方法使固体的共振波谱线宽相对原来变得较窄，从而显露出某种结构来。换句话说，人为的使不感兴趣的相互作用不表现出来(如偶极作用)，而保留感兴趣的相互作用(如化学位移)。

固体NMR谱线增宽的主要原因有：偶极-偶极相互作用，化学位移各向异性作用，自旋偶合各向异性作用，核四极相互作用等。为了有效地抑制这些增宽因子，目前采用的方法主要有下列几种：高功率质子去偶(HPD)，魔角旋转(MAS)方法，多脉冲(MP)交叉极化(CP)法，多量子(MQ)方法，稀释自旋方法等。这些方法各有其优点和局限性，其中MAS方法最为有效，在实验中使用最多。而MAS与HPD、MP、CP、MQ及自旋稀释等方法结合起来使用是固体高分辨NMR的发展趋势[7]。

固体核磁共振技术的一个重要功能之一就是固体样品的结构研究，对于那些找不到适当溶剂而结构又相当复杂的化合物和混合物，CP/MAS NMR方法是一种非常有效的手段。分子中各向同性运动所平均的核自旋运动，不能用于固体分子结构的测定，通过核偶极相互作用，可以精确地测量核间距离。但是这种核间距离的测量要求对待测核进行特殊标记，这样就大大增加了样品准备的难度，限制了这一方法的应用。通过引进附加频率轴，用多维各向同性相关方法可以增加自旋相关的数目，从而获得精确的核间距离值。目前同位素标记的异核多维固体

NMR 方法，已用于固体结构的研究。通过实施上述技术，可以获得高分辨的固体核磁共振谱线和准确的结构信息[7]。图 1-4 为 ^{31}P 固体化合物的核磁共振谱图。

固体核磁共振技术的特点：

① 固体核磁共振技术可以测定的样品范围远远多于溶液核磁，由于后者受限于样品的溶解性，对于溶解性差或溶解后容易变质的样品往往比较难以分析，但是这种困难在固体核磁实验中不存在。

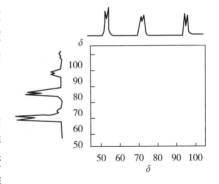

图 1-4　^{31}P 固体核磁共振谱图

② 从所测定核子的范围看，固体核磁同溶液核磁一样不仅能够测定自旋量子数为 1/2 的 ^{19}F、^{1}H、^{13}C、^{15}N、^{29}Si、^{31}P、^{207}Pb，还可以是四极核，如 ^{2}H、^{17}O 等，所以可分析样品的范围非常广泛。

③ 是一种无损分析。

④ 所测定的结构信息更丰富，这主要体现在固体核磁技术不仅能够获得溶液核磁所测得的化学位移、J-偶合等结构方面的信息，还能够测定样品中特定原子间的相对位置（包括原子间相互距离、取向）等信息，而这些信息，特别是对于粉末状样品或膜状样品，通常是其他常规手段无法获得的信息。

⑤ 能够对相应的物理过程的动力学进行原位分析，从而有助于全面理解相关过程。

⑥ 能够根据所获信息的要求进行脉冲程序的设定，从而有目的有选择性地抑制不需要的信息，但是保留所需信息。

（二）液体核磁共振波谱技术

液体核磁共振波谱技术包括一维谱图，如 ^{1}H-NMR、^{13}C-NMR 等；二维谱图，如各种同核或异核相关谱图；三维谱图，如生物大分子结构分析等。液体核磁是目前应用最为广泛的技术[9,10]。

在石油化工方面，目前液体核磁主要集中用于油品物性的分析，包括原油、柴油、煤油、石脑油、蜡油以及润滑油等。通过核磁扫描后，得到核磁谱图，之后根据谱图解析软件能够快速地分析出物料中各结构的相对含量。若是结合相应的模型解析软件，可建立物性分析模型，进而预测油品的物性数据。以原油在线调和为例，其核心是数据采集、数据处理和实时控制。其混合原油调和过程可以描述为：将不同的原油按照不同的比例同时送入油品总管内，经过管道静态混合器使油品充分混合均匀进入常减压装置加工。在各混合原油的管道上设有样品采集点，由核磁共振分析仪（NMR）进行实时在线分析，并将分析数据送往 DCS 系统，DCS系统根据实时数据及相关质量控制程序进行计算以得出最佳混炼方案，并控制各管线上的调节阀，控制各个混炼原油的加入量，使混合原油质量稳定，实现"卡边"操作，进而提高经济效益。

图1-5和图1-6为用60MHz ^{1}H-NMR分析仪测定的纯乙苯和甲苯的谱图。由图可见乙苯和甲苯中不同的化学基团——CH_3、—CH_2—、—C_6H_5中的氢核，因化学环境不同，其特征峰的化学位移也会有所差异，同时在不同化学基团处有不同的裂分峰数，这是由于不同化学基团核的自旋偶合作用引起的能级裂分而造成的。另外，谱图中特征峰的强度正比于相应化学基团中氢核的数目。

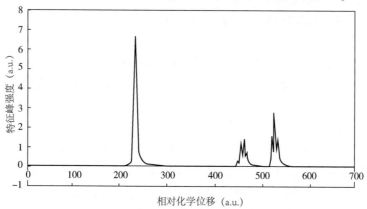

图1-5 乙苯谱图

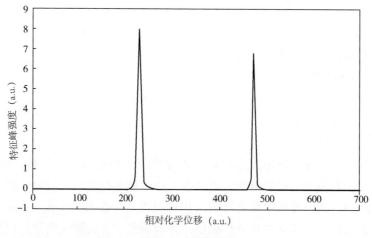

图1-6 甲苯谱图

(三) 核磁共振成像技术

核磁共振成像技术是利用原子核在磁场内共振所产生的信号经重建成像后以图像的形式表示出来的一种方法。

我们知道，人体内部的大部分(75%)物质都是水，且不同组织中水的含量也不同。用核磁共振 CT 手段可测定生物组织中含水量分布的图像，如图 1-7 所示。这实际上就是质子密度分布的图像。当体内遭受某种疾病时，其水含量分布就会发生变化，利用氢核的核磁共振就能诊断出来。氢原子核在恒定磁场和射频场的共同作用下，氢核就会产生共振吸收，当射频脉冲终止后，原子核处于激发态，质子群的磁矩在原有磁场的转矩作用下重新回到原磁场方向。该磁矩围绕磁场以进动频率旋进，磁矩的变化将使周围的闭合线圈产生感应电流。将这个电流放大，便可得到核磁共振信号。由于受到质子群磁矩返回时间的影响，该信号将以指数曲线衰减，而弛豫时间又取决于受检人体的组织特性。所以，该信号能反映出组织部位的正常或异常，这就是诊断疾病的依据。在成像过程中，核磁共振断层诊断装置以氢的弛豫时间为信号，由体外电子仪器收录，并用于计算机处理，最后将人体各组织的形态形成图像，这就是核磁共振成像技术[11]。人体组织中由于存在大量的水和碳氢化合物而含有大量的氢核，一般用氢核得到的信号比其他核大 1000 倍以上。由于正常组织与病变组织的电压信号不同，结合 CT 电子计算机断层扫描技术，便可以得到人体组织的任意断面图像。

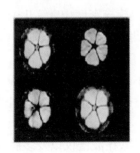
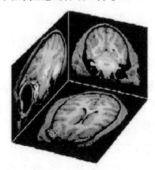

图 1-7　核磁共振成像

人体成像装置核磁共振成像系统由磁体系统、谱仪系统、计算机系统和图像显示系统组成。磁体系统由主磁体、梯度线圈、垫补线圈和与主磁场正交的射频线圈组成，是核磁共振发生和产生信号的主体部分。谱仪系统是产生磁共振现象并采用磁共振信号的装置，主要由梯度场发生器和控制系统、MR 信号接收和控制等部分组成。计算机图像重建系统要求配备大容量计算机和高分辨的模数转换器(Analog/Difital Converter，A/D)，以完成数据采集、累加、傅里叶转换、数据处理和图像显示。

核磁共振成像技术已成为医学上一种普遍使用的重要诊断手段，因为 NMR 成像技术可以做到无损检测，对病人无辐射危害。因此，这一技术存在着广阔的应用前景。

四、核磁共振应用领域

核磁共振是一种物理现象，作为一种无损检测手段，最初主要应用于核物理方面的研究，经过 60 多年的发展，NMR 研究领域和应用范围已经从物理学延伸到化学、生物学、医学、材料学、信息学以及石油化工等领域，成为研究这些领域的有力工具。下面介绍核磁技术在各领域的应用，重点介绍在石油化工领域的应用。

（一）核磁共振技术在医学成像领域的应用

磁共振成像（MRI）的临床应用是医学影像学中的一场革命，是继 CT、B 超等影像检查手段后又一新的断层成像方法，与 CT 相比，MRI 具有高组织分辨力、空间分辨力和无硬性伪迹、无放射损伤等优点，同时在不同对比剂的条件下，可测量血管和心脏的血流变化，广泛应用于临床。人体不同器官的正常组织与病理组织的纵向弛豫时间（T_1）是相对固定的，而且它们之间有一定的差别，横向弛豫时间（T_2）也是如此。这种组织间弛豫时间上的差别，是 MRI 的成像基础。如同 CT 的组织间吸收系数（CT 值）差别是 CT 成像基础的原理一样。但 MRI 不像 CT 只有一个参数，即吸收系数，而是有 T_1、T_2 和自旋核密度（P）等几个参数，其中 T_1 与 T_2 尤为重要。因此，获得选定层面中各种组织的 T_1（或 T_2）值，就可获得该层面中包括各种组织影像的图像[12]。

（二）核磁共振技术在石油化工领域的应用

NMR 技术于 20 世纪末开始应用于石油地质研究，如今应用范围涉及石油地质、石油测井、石油化工等领域。

在地质勘探领域，主要使用傅里叶核磁变换共振波谱仪以及多脉冲电磁分辨谱等设备，主要应用包括：分类干酪根、确定有机质成熟度、评价生油潜量等。

在测井领域，主要利用核磁测井技术，其基本原理是在井中放置一块磁体，发射等于该均匀极化区域氢核的核磁共振频率，接受氢核在退激过程中的衰减信号，利用油与水弛豫时间的差别来检验油层。使用该技术可以克服以体积模型为基础的传统方法受井眼、岩性及地层水矿化度影响的缺陷，解决油气藏的储层评价和油气识别问题，使用平均结构信息来评估原油总体特性也有助于石油工业的生产[13]。

由于油气水在核磁共振特性上差异巨大，在储层物性上，可以用核磁测井技术评价孔隙度、渗透率及饱和度。在储层流体识别方面，可以利用油气水的纵向弛豫时间和扩散系数的差异识别三者，对于低阻油层等电阻率测井传统方法识别有困难的储层很实用。另外，核磁共振录井参数中包含了油气含量和产出能力等信息，可以为试油层位的确定提供资料，为钻井施工设计提供参考的地层压力梯度和破裂压力梯度。

在石油化工领域,可以使用核磁共振技术分析原油及其各个馏分段,比如柴油组分、减压馏分、渣油的化学组成与结构等。具体说来,利用^{13}C-NMR谱分析原油烃类含量,根据烃类组成可以将原油有效分类。对于燃料油,可以直接测定其中某些组分的含量、测定结构参数并寻找其余油品性质的关系;对于蜡油和重油,可以定性定量地反映出碳氢及杂原子所处的化学环境。

1. 石油及其产物的表征

多年来,核磁共振技术成为石油馏分,尤其是重质馏分的重要表征手段之一。它主要可以直接给出油品的芳氢 fa(H)、芳碳 fa(C)含量(ASTM D5292—99),结合元素分析结果还可以给出重馏分油的平均结构参数,如链烷碳数 CP、环烷碳数 CN、芳香碳数 CA、环烷环数 RN、芳香环数 RA、缩合指数 C.I 等。以上主要利用的核磁共振^{13}C谱、^{1}H谱技术,现已逐渐成为油品的常规分析项目。核磁共振技术测定重质油相对密度和软化点的方法的诞生让在使用核磁共振技术测定以上参数的同时,能够更快速简捷地获取油品的其他理化参数,该方法是将具有代表性的重质油样品组成校正集,对它们的核磁共振碳谱图采用了二阶微分加平滑的过程处理,与相应的软化点或相对密度数据进行回归分析,建立校正模型,最终由碳谱图计算未知油样的软化点或相对密度[5]。

核磁共振技术在润滑油基础油(Base Oils)的结构表征中能给出基础油的精细结构以及一些重要的定量结果。在对基础油进行了定量测定后,得到了基础油的正构烷碳含量 NP、异构烷碳含量 IP、支化指数 BS(Branching Sites)等参数。这些参数丰富了对基础油结构组成的认识,对于指导加氢异构化制备高档基础油工艺的改进具有重要意义。通过定量 NMR 谱与基础油性能的关系,总结出^{13}C谱积分数据与 API 度、苯胺点、倾点(PP)、黏度等性能之间的关系式。例如,对大庆减二线基础油进行了^{13}C谱 11 段积分,选出相关性较强的 7 段积分进行线性回归,可以得出较好的 PP 预测值,实际差值大于 3℃,最大的差值仅为 3.85℃。

核磁共振技术具有分析测试简便、所需用量少、分析速度快及精确度高等优点,因而核磁共振技术在石油馏分组成分析特别是重质油组分分析中具有无可比拟的优势。自 20 世纪 70 年代开始,我国已经开始进行相关的研究。目前核磁共振法测定石油烃类族组成、石油烃含量、渣油芳香度等技术已在我国石油化工领域普遍推广使用[5]。

2. 油品添加剂的分析

油品添加剂种类繁多,绝大多数都可以采用核磁共振分析技术进行定性或定量检测。有些特殊的添加剂,只能采用核磁共振技术确定结构或组成。如中低分子量聚异丁烯是清净分散剂中的重要组分,其分子中残余双键位置、类型、比例等都对聚异丁烯的化学性能起关键性的影响作用。近年来，聚异丁烯开发的热点逐渐转向所谓的高活性聚异丁烯(α-2 型聚异丁烯含量>85%)。核磁共振便成为测定这类样品的必不可少的分析手段。核磁共振还可测定其平均相对分子质量，如式(1-9)所示：

$$M_n = 56 \times 0.5 \left(\frac{I_{饱和}}{I_{双键}} + 1 \right) \tag{1-9}$$

式中 　M_n——聚异丁烯的数均相对分子质量；

　　　$I_{饱和}$——烷碳区积分面积；

　　　$I_{双键}$——双键区积分面积；

　　　56——异丁烯(C_4H_8)的相对分子质量；

乘号之后项表示异丁烯的平均单元数(聚合度)。

(1) 聚烯烃产物的分析

采用升温 NMR 技术分析研究各种各样的聚烯烃产物的链结构，也是核磁共振的一个强项。线型低密度聚乙烯(LLDPE, ASTM D5017296)、乙丙共聚物、等规聚丙烯(i-PP)、间规聚丙烯(s-PP)等都需要依靠定量碳谱来测定第二单体的插入度或均聚物的立构规正度。目前仪器的变温实验技术发展很成熟，升、降温速度快，恒温效果好，高温、室温实验可以自动切换，程控顺序进行。

(2) 固体催化材料的表征

近 20 多年来，用核磁共振技术表征固体催化剂成为核磁共振应用的一个重要方面。炼化行业中用到的固体催化剂主要为硅铝型分子筛，如 Y 型、ZSM25 型、L 型、β2 型等。这些分子筛的一个重要参数是它们的骨架 Si/Al 比。式(1-10)是经典的核磁共振法求算骨架 Si/Al 比 Klinowski 公式：

$$(X/Y)_{atom} = \sum_{n=0}^{4} \sum_{k} I_{X(nY)} \Big/ \sum_{n=0}^{4} 0.25n \left[I_{X(nY)} \right] \tag{1-10}$$

式中　I——各峰的积分面积，其下标表示各不同化学环境的硅核，即通过氧桥连接 n 个铝原子(n = 0~4)的硅核。

一般认为用式(1-10)计算 Si/Al 比不适合于高硅和有多个 T 位的分子筛体系。但也有文献报道，用 NMR 硅谱法测定 ZSM-5 型分子筛至骨架 Si/Al 比高达 150，亦有人采用推广的 Klinowski 公式求算具有两种结晶学不等价 T 位沸石的骨架 Si/Al 比：

$$(X/Y)_{atom} = \sum_{n=0}^{4} \sum_{k} I_{X(nY)_k} \Big/ \sum_{n=0}^{4} \sum_{k} 0.25n \left[I_{X(nY)_k} \right] \tag{1-11}$$

只要精细地进行硅谱测定和模拟分峰处理，获取准确的 Si(nAl, $n \geq 1$)谱峰积分，用上式求算高硅(Si/Al 达 100)分子筛的硅铝比也是可行的。事实上，用 NMR 硅谱法测定分子筛的骨架硅铝比是一种既直观又便捷的分析手段。随着固体核磁共振仪器的日益普及，该方法将在石油化工行业获得更加广泛的应用。

近年来，国内固体核磁共振仪得到了很大发展。它的特点是配置比较齐全，具有高稳定性转子、高功率射频/去偶单元、三通道发射检测系统、低γ核附件等特点。因此，可以预见在几年内我国的催化材料研究与开发必将进入一个新的快速发展阶段。

（3）石油化工产品的结构组成关系

石油化工产品种类繁多、功能各异，不同产品具有适合其检测的不同分析方法。在这一领域，核磁共振分析技术大有可为。例如磷酸酯、亚磷酸酯是具有特殊功能的化工产品。一种(亚)磷酸酯产品，往往不是一个单一组分，通过控制其相关组分数及比例，可以调变产物的使用性能，这类样品一般是多元酯-(亚)磷酸-醇-水的酸性平衡体系。由多种核磁共振技术结合，可以给出样品的结构及组成信息，如此高极性、多组分混杂的样品，很难采用其他分析手段得到全面的测定结果。

在炼化工艺过程中，往往产生一些相对分子质量偏高($M>300$)、具有复杂同分异构体的中间产物或产品，许多这类产物的结构及组成信息只有通过核磁共振分析方可得到。炼化工艺的又一特点是大量采用多相催化体系，而随着绿色化学、绿色工艺的推广，这种低能耗少污染的催化体系逐渐向基础化工领域内延伸，使得用固体核磁共振技术研究催化材料的热潮方兴未艾。在石油化工行业内，核磁共振应用越来越普及。

（三）核磁共振技术在化学合成领域的应用[14,15]

1. 应用核磁共振确定有机化合物绝对构型

有机化学中常常需要确定合成或分离得到的光学活性化合物的绝对构型。应用核磁共振方法测定有机化合物的绝对构型，主要是测定 R 和(或)S 手性试剂与底物反应的产物的 ^1H 或 ^{13}C 的 NMR 化学位移数据，得到 $\Delta\delta$ 值与模型比较来推定底物手性中心的绝对构型，包括应用芳环抗磁屏蔽效应确定绝对构型的 NMR 方法和应用配糖位移效应确定绝对构型的 NMR 方法。

2. 应用核磁共振解析复杂化合物结构

核磁共振技术是复杂化合物结构解析最为主要的技术，利用该技术可以获得化合物丰富的分子结构信息，广泛应用于天然产物的结构解析。其近期技术革新主要在于以下几个方向：探头、线圈和核磁管相关技术，固相核磁新技术，核磁共振样品前处理技术和二维波谱新技术等。

3. 核磁共振在有机合成反应中的应用

核磁共振技术在有机合成中不仅可对反应物或产物进行结构解析和构型确定，在研究合成反应中的电荷分布及其定位效应、探讨反应机理等方面也有着广泛应用。

4. 核磁共振技术在组合化学中的应用

组合化学的飞速发展拓展了常规固相 NMR 技术的空间，出现了新的超微量探头。魔角自旋技术(Magic Angle Spinning，MAS)的应用和消除复杂高聚物核磁共振信号的脉冲序列技术的出现，已经可以保证获得与液相 NMR 相同质量的图谱。高通量 NMR 技术已经用于筛选组合合成的化合物库，成为一种新的物理筛选方法。

5. 核磁共振技术在高分子化学中的应用

核磁共振技术在高分子聚合物和合成橡胶中的应用包括共混及三元共聚物的定性、定量分析，异构体的鉴别，端基表征，官能团鉴别，均聚物立规性分析，序列分布及等规度的分析等。

(四) 核磁共振技术在生物分子领域的应用[16]

在生物化学领域，核磁共振技术已发展成为研究蛋白质溶液三维结构的独立方法，正受到蛋白质化学、生物工程技术乃至生命科学的广泛重视。

对许多蛋白质，NMR 波谱与 X 衍射给出相同的分子结构，但对另外一些蛋白质，则给出了不同的或差异较大的分子结构。因此，NMR 谱与 X 衍射可从不同的侧面描述分子的结构，二者互为补充。而 NMR 波谱的独到之处在于观察是在溶液中进行的，这意味着可以近似生理条件。NMR 技术可以通过研究不同溶液条件(温度、pH 值、盐浓度和配体)下生物大分子物理性质的信息，进一步探讨其构象关系。

生物大分子主要是蛋白质、多肽、核酸(包括 DNA 和 RNA)及糖类。由于生物条件下大(小)分子间的相互作用均在溶液中发生，因此用 NMR 法研究生物大分子的相互作用有特殊的优势，已经涉及的这方面研究有蛋白质与 DNA 的相互作用，蛋白质与脂质体的相互作用，抗原与抗体的相互作用等。

在制药工业中，NMR 可用于测定蛋白质和其他对新药所关注的大分子的结构与性质，从而可以把药物分子设计成与蛋白质的结构相符合，这就像是开锁的钥匙一样，如果把小的药物分子绑在生物大分子上，大分子的 NMR 谱通常都要被改变，这就可以在开发新药的早期用来对大量候选药物进行"筛选"。

(五) 核磁共振技术在食品分析领域的应用[17]

NMR 技术于 20 世纪 70 年代初期开始在食品科学领域发挥其优势，相比于其他传统的检测方法，核磁共振法能够保持样品的完整性，是一种非破坏性的检测手段；操作方法简单快速，测量精确，重复性高；样品无需添加溶剂，定量测定无需标样；测量结果受材料样本大小与外观色泽的影响较小，且不受操作员的技术和判断所影响。因此，核磁共振技术在食品科学研究中越来越受青睐，最初主要应用于研究水在食品中的状态，随着该技术的不断更新，在油脂、蛋白质结构、玻璃化相变、碳水化合物等方面的分析研究中也得到了越来越广泛的应用。

第三节　核磁共振技术优势

一、核磁共振技术的特点

核磁共振技术作为一项新兴的无损检测分析技术，具有明显的优势，与常规的实验室检测方法相比，具有便捷、快速、信息丰富、方法灵活、安全、人为影响因素低等优点，分析样品所需时间短，同时根据一个图谱所得到的信息量大，以往传统的分析实验往往分析时间长，单一实验只能得到一组性质数据。同时，进行核磁共振分析相对于常规实验可以少接触化学试剂，减少化学试剂对于分析人员的人身危害。传统的分析方法对分析人员要求较高，分析经验决定着分析水平，分析水平影响分析数据，而利用核磁共振技术进行分析时，整个操作过程简单、快速，对操作人员要求较低。此外，核磁共振技术也可以得到传统分析方法无法得到的信息。

核磁共振技术作为近代仪器分析方法——四大谱图中的一员，具有着与众不同的能力。核磁共振是通过原子核的内禀属性进行测量的方法，所收集的数据完整准确，不会因为分析方法的改变而影响数据。同时，样品的颜色等因素也不会对分析结果产生影响。因此，核磁共振分析在定量分析上拥有不错的表现，局限性较小。

应用于石化行业化验分析方面时，核磁因其不破坏被测样品，是一种无损检测技术，体现出以下几点优势：

（1）建模工作量小

一般核磁分析技术在建立物性分析模型时，只需 15~20 组具有代表性的样品及对应的实验室分析数据即可建立好相应的物性分析模型，并且在建模数据围度内可达到较高的准确性。

（2）稳定性好且抗干扰能力强

建立在 NMR 波谱基础上的化学计量学模型适应性强、工作效率高、维护量低、项目启动后投用快。而且核磁分析技术是一种非介入性分析技术，工作原理先进，为不透明样品、无法用光学技术进行分析的样品和高黏度的样品分析提供了一种新的技术解决方案。

（3）分析项目多

NMR 分析技术可分析的项目较多、范围较广，一般来说，只要与结构相关的物性参数都可以利用 NMR 技术进行分析，即使对不透光、黏稠和含水介质如原油中水含量、残炭、金属（Ni、V）含量等物性，也可利用 NMR 分析技术获得稳定可靠的准确分析结果。

（4）分析速度快且操作简单

利用 NMR 分析仪对样品进行分析时，根据样品特性，得到一个样品的核磁图谱时间在 2~5min 左右，随后即可得到物性分析结果。同时，整个操作过程简单，只需取 1~2mL 左右样品加入核磁管内，而后将核磁管插入 NMR 分析仪中开始执行分析方案即可。

（5）安全环保

在分析前，样品无需采用任何预处理，可直接放入仪器分析，并且在整个分析的过程中不会造成任何的污染，体现了绿色、健康、安全、环保的理念。

二、与传统检测方法的区别

随着人类社会对能源需求的日益增加，石油产品的种类越来越多。对石油产品进行分析，测定其理化性质和组成，对石油产品进行表征的工作也越来越多。传统的化学分析方法，分析时间长。仪器分析方法尤其是核磁共振分析技术的发展提高了油品分析的速度，成为装置在线油品分析的主要应用方向。

NMR 分析技术为原子分析技术，是一种线性测量技术。NMR 谱图反应了分子的结构信息。在 NMR 谱图中，各组分谱峰在谱图中的化学位移是固定的，并且峰强度直接反映了组分的含量。根据测定物质的分子结构，可进一步确定物质的性质。

核磁可实现单个仪器分析不同物料的多个物性，因此核磁共振分析技术大大缩减了实验室化验分析的工作量，节约成本。目前通过化验室分析得到化验数据，时效性较差，难以满足全流程优化的要求。对关键物料的物性进行实时分析和监控，让企业能够根据物性变化及时调整优化方案，从根本上实现全厂全流程优化，充分发挥每一滴物料的利用价值，从而实现整个石油化工行业全厂全流程的优化应用。

另外，每个石油化工企业可结合自身优化和 NMR 技术特点，建立属于各自特有的原料油 NMR 图谱和物性分析模型。核磁共振技术无论从企业自身发展，还是从技术对外推广角度来看，都是非常具有战略意义的。

图 1-8 为某一烃类混合物 NMR 扫描叠合谱图，因为每一种官能团都有具体的化学位移，横坐标相当于定性分析，纵坐标相当于定量分析，从图中可看到每个官能团对应的特定位置以及含量的多少。

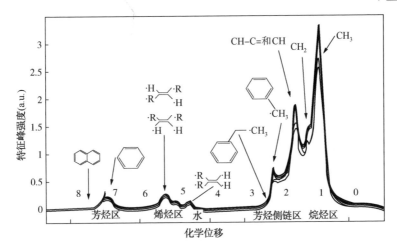

图 1-8 典型烃类混合物 NMR 扫描叠合谱图

三、与常规分析技术的比较

常规的化学分析方法，主要包括色谱法、原子发射光谱法、原子吸收光谱法、质谱分析法、电化学分析法、容量滴定法、重量法等多种分析方法。

色谱法又称层析法，是一种依据物质性质(溶解度、极性、离子交换能力等)的不同，当流动相流经固定相时，样品各组分在两相中不断地重新分配，最终达到分离与提纯，以便对样品进行定性和定量分析的方法。色谱法分离效率较高，几十种甚至上百种性质类似的化合物可在同一根色谱柱上得到分离，能解决许多其他分析方法无能为力的复杂样品分析，但同时其定性能力较差，分子结构相似的物质其性质也较为相似，因此其特征峰在色谱上很难分开，并且其分析时间较长，一般需要几十分钟。

原子发射光谱法和原子吸收光谱法主要是依据原子外层电子能量的发射现象和吸收现象来进行分析的方法，两种都属于光学分析方法。其检出限低、灵敏度高、分析精度好，但是对不同的元素进行分析时，其灵敏度会有很大的差异，并且分析时间较长；而一些其他的常规化学分析方法，也都存在着分析时间长、每种物性都需要单独进行分析等缺点。常规分析方法分析程序复杂，分析时间长，工作量大，无法及时地提供各样品的性质数据，使得企业无法对各装置内的油样性质进行实时监控，从而影响其整体的工作效率。

NMR 分析技术与常规分析方法相比，最大的特点就是无损检测、函数关系简单明确、分析时间短、分析物性全面，化验人员分析工作量能够大大降低。利用 NMR 设备对各类原料油进行分析，每个样品只需 2~5min 便可得到相应的核磁谱图及其对应的所用物性的具体数据。通常原油样品，可对其 API°、酸值、

C、H、S、N、水分、残炭、有机金属镍钒、馏程等20多个物性建立模型,从而根据样品的核磁谱图,得到其具体数值;而汽油、煤油、柴油、蜡油等物料,也可根据实际情况建立模型,并通过对相关样品核磁谱图的解析,得到各物性的具体数值。

采用核磁分析技术,能够在短时间内对建立了模型的所有物性进行一次性分析,从而大大降低实验室分析人员的工作量,同时还能为生产运行管理提供及时的基础数据支持和优化加工方案。

参 考 文 献

[1] 朱波.核磁共振(NMR)发展历程、应用及物理基础概述[J].科技创新与应用,2013(5):10-11.

[2] 张云.核磁共振的历史及应用[J].科技信息,2015(15):116-118.

[3] R. R. Emst, G. Bodemjsisem, A. Wokkaum. Principles of Nuclear Magnetic Resonance in one or Two Dimension, Claremdon, Orford:1987.

[4] Huang W, Wang J, Wang Y. Composition and Structure Analysis of Phosphites by NMR Spectroscopy. Proceedings of the 12th National Magnetic Resonance Conference(in Dalian)[C]//Wuhan:Committee of theMagnetic Resonance Spectroscopy, Chinese Physical Society, 2002:128-129.

[5] 赵常俊,吴乐乐.核磁共振技术在石油行业中的应用[J].山东化工,2016,45:86-89.

[6] 史全水.核磁共振技术及其应用[J].洛阳师范学校学报,2006,(2):83-84.

[7] 唐亚林.固体高分辨核磁共振技术在有机固体研究中的应用[J].现代仪器与医疗,2000(3):21-27.

[8] 阮小凡.固体核磁技术浅析[J].企业技术开发,2013,32(9):174-175.

[9] 高明珠.核磁共振技术及其应用进展[J].信息记录材料,2011,12(3):48-50.

[10] 张芬芬.定量核磁共振技术及其在药学领域的应用进展[J].南京师范大学学报,2014,14(2):8-15.

[11] 扈海滨,朱岩,占少民.核磁共振成像技术及其应用[J].科园月刊,2010(17):76-77.

[12] 阮萍.核磁共振成像及其医学应用[J].广西物理,1999,20(2):49-53.

[13] 王京,黄蔚霞,王永峰,等.核磁共振分析技术在石化领域中的应用[J].波谱学杂质,2004,21(4):527-534.

[14] 范纯.核磁共振在分析化学中的应用[M].北京:化学工业出版社,1995:114-118.

[15] 程晓春.核磁共振技术在化学领域的应用[J].四川化工,2005.

[16] 邵荣荣.核磁共振新技术在生物分子结构测定中的应用[J].中国科学院上海药物研究所,2001.

[17] 齐银霞,等.核磁共振技术在食品检测方面的应用[J].安全与检测,2008(6):117-120.

第二章 核磁共振波谱分析

第一节 核磁共振波谱分类

核磁共振波谱法就是将具有磁性的原子核放入磁场后,用适宜频率的电磁波照射,原子核会吸收能量,发生原子核能级的跃迁,同时产生核磁共振信号,得到核磁共振波谱。核磁共振波谱法自1946年其原理提出以后,逐渐受到了人们的广泛重视,已成为结构分析的最重要工具之一,在化学、生物、医学、临床等多学科领域甚至产业部门得到了各种应用。由于在分析测定时,样品不会受到破坏,故NMR属于无损分析方法。现今NMR技术已发展成为一门独立的分支科学,并成为分子动力学及分子结构研究的重要方法。目前对核磁共振谱(包括氢、碳、磷谱等)无论在理论上还是在实验上均已进行过系统而深入的研究,提出了一系列用于化学位移估计与预测的经验公式,并在谱图分析、结构测定等方面发挥重要作用。

利用核磁共振波谱进行结构测定、定性与定量分析,通常,根据原子核的化学位移和偶合常数的相对大小,图谱可分为一维谱图(氢谱、碳谱、氮谱、磷谱、硅谱、氟谱等)和多维谱图。氢谱(^{1}H-NMR)和碳谱(^{13}C-NMR),是发展最早、研究也最早、应用最为广泛的核磁共振波谱[1]。下面章节重点介绍氢谱和碳谱。

一、核磁共振氢谱图

所谓氢谱,实际上指的是质子谱,即谱图中各个峰与分子中不同化学环境下的质子相对应。在核磁共振氢谱图中,特征峰的数目反映了氢原子化学位移不同;不同特征峰的强度比(即特征峰的高度比)反映了不同化学位移氢原子的数目比。

我们知道分子中的磁性核并不是完全裸露的,质子被价电子所包围。这些电子做循环流动,产生了一个感应磁场。如果感应磁场与外加磁场方向相反,则质子实际感受到的磁场应是外加磁场减去感应磁场。即 $H_{有效}=H_0-H_{感应}=H_0-\sigma H_0=H_0(1-\sigma)$。$\sigma$ 为屏蔽常数,电子的密度越大,屏蔽常数越大。

这种核外电子对外加磁场的抵消作用称屏蔽效应。由于屏蔽效应,必须增加

外界场强 H_0 以满足共振方程，获得共振信号，故质子的吸收峰向高场移动。

若质子所处的感应磁场的方向与外磁场方向相同时，则质子所感受到的有效磁场为 H_0 与 H 感应的加和，所以要降低外加场强以抵消感应磁场的作用，以此来获得核磁信号。

这种核外电子对外磁场的追加（补偿）作用称为去屏蔽效应（Deshielding Effect）。去屏蔽效应使吸收峰位置向低场位移，如图2-1所示。

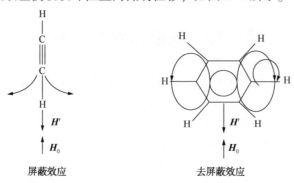

图 2-1　不同效应对比图

由此可见，屏蔽效应使吸收峰位置移向高场，而去屏蔽效应使吸收峰移向低场。因此，一个质子的化学位移是由质子的电子环境所决定的。在分子中，不同环境的质子有不同的化学位移，环境相同的质子有相同的化学位移。

（一）影响氢原子化学位移的因素[2]

化学位移取决于核外电子云密度。因此，凡是能引起氢原子核外电子云密度改变的因素都能影响 δ 值。

1. 电负性

电负性大的原子或基团（吸电子基）降低了氢核周围的电子云密度，屏蔽效应降低，化学位移向低场移动，δ 值增大；给电子基团增加了氢核周围的电子云密度，屏蔽效应增大，化学位移移向高场，δ 值降低。卤代烷烃化学位移值见表 2-1。

表 2-1　卤代烷烃化学位移值

CH₃X	F	OH	Cl	Br	I	H
电负性	4.0	3.5	3.1	2.8	2.5	2.1
δ	4.26	3.40	3.05	2.68	2.16	0.23

2. 各向异性效应（Anisotropy）

当分子中某些基团的电子云排布不呈球形对称时，它对邻近的氢核产生一个各向异性的磁场，从而使某些空间位置的氢核受屏蔽，而另一些空间位置的氢核去屏蔽，这一现象称各向异性效应，如图 2-2 所示。

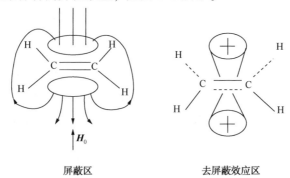

图 2-2　磁各向异性效应

不同官能团化学位移值见表 2-2，其分子的 δ 值不能用电负性来解释，大小与分子的空间构型有关。

表 2-2　不同官能团化学位移值

不同官能团	CH_3CH_3	$CH_2=CH_2$	$CH≡CH$	C_6H_5-H	RCHO
δ	0.96	5.25	2.8	7.26	7.8~10.8

3. 氢键效应的影响

氢键的生成使质子周围的电子云密度降低，产生强的去屏蔽作用，吸收峰移向低场，δ 值增大，如图 2-3 所示。

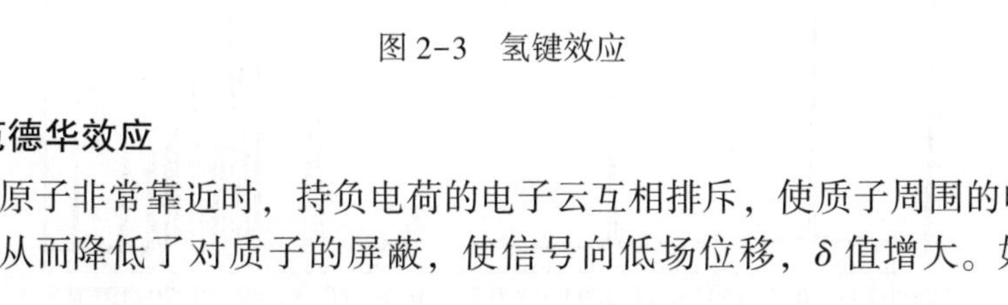

图 2-3　氢键效应

4. 范德华效应

当两原子非常靠近时，持负电荷的电子云互相排斥，使质子周围的电子云密度减少，从而降低了对质子的屏蔽，使信号向低场位移，δ 值增大。如图 2-4 所示。

5. 其他外因的影响

由于各种溶剂对质子的影响不同，也会使化学位移值发生变化。同时温度也

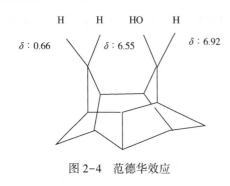

图 2-4 范德华效应

会影响化学构架，引起峰的裂分等。

（二）裂分规则

由于相邻碳上质子之间的自旋偶合，因此能够引起吸收峰裂分。例如，一个质子共振峰不受相邻的另一个质子的自旋偶合影响，则表现为一个单峰，如果受其影响，就表现为一个二重峰，该二重峰强度相等，其总面积正好和未分裂的单峰面积相等。

自旋偶合使核磁共振谱中信号分裂成多重峰，峰的数目等于 $n+1$，n 是指邻近 H 的数目，例如 CH_3—$CHCl_2$ 中 CH_3 的共振峰是 $1+1=2$，因为邻近基团 $CHCl_2$ 上只有一个 H；—$CHCl_2$ 的共振峰是 $3+1=4$，因为邻近基团–甲基上有三个 H。注意，只有当自旋偶合的邻近 H 原子都相同时才适用 $n+1$ 规则。

当自旋偶合的邻近 H 原子不相同时，裂分数目为 $(n+1)(n'+1)(n''+1)$。例如化合物 Cl_2CH—CH_2—$CHBr_2$ 中，两端两个基团—$CHCl_2$ 和—$CHBr_2$ 中的 H 并不相同，因而—CH_2—应该裂分成为 $(1+1)(1+1)=4$ 重峰。又如 $ClCH_2$—CH_2—CH_2Br 中—CH_2—该裂分为 $(2+1)(2+1)=9$ 重峰。

二、核磁共振碳谱图

核磁共振氢谱是通过确定有机物分子中氢原子的位置，而间接推出结构的，事实上，所有有机物分子都是以碳原子为骨架构建的，如果能直接确定有机物分子中碳原子的位置，无疑是最好的办法。

^{12}C 没有 NMR 信号；^{13}C 天然丰度很低，仅为 ^{12}C 的 1.1%，且 ^{13}C 的磁旋比约为 ^1H 的 1/4，因此相对灵敏度为质子的 1/5600。^{13}C 谱图如图 2-5 所示。

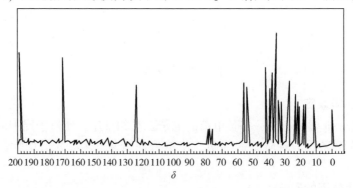

图 2-5 ^{13}C 谱图

与 ^1H-NMR 不同，^{13}C-NMR 具有的特点如下[3]：

1. 信号强度

^{13}C 自然丰度只有 1.1%，^{13}C 的旋磁比(γ_C)约为 ^1H 的旋磁比(γ_H)的 1/4，所以 ^{13}C 的 NMR 信号比 ^1H 的要低得多。

$$核的NMR信号强度 \propto \frac{H_0^2 \gamma^3 NI(I+1)}{T} \tag{2-1}$$

式中　H_0——外磁场强度；

γ——旋磁比；

N——共振核的数目；

I——核的自旋量子数；

T——绝对温度，单位 K。

因此，I 都等于 $1/2$ 的 ^{13}C 与 ^1H 比较，在同样的外磁场、温度和仪器条件下，同样数目的碳原子和氢原子，NMR 信号的大小比值约为 1∶6000。^{13}C 的信号远比 ^1H 的小，要得到一张信号较好的 ^{13}C 谱比 ^1H 谱要困难得多。

2. 化学位移范围

^{13}C 化学位移范围远比 ^1H 的范围大，一般 ^1H 的谱线在 0~10，而一般碳谱的谱线在 0~250，少数特殊情况可再超出 50~100。由于化学位移范围宽，化学环境有微小差异的核也能区别。一般情况下，当相对分子质量小于 500、分子没有对称性时，几十个不同的碳原子，可以得出几十条可分辨的谱线，所以 ^{13}C-NMR 对分子的结构特征更为敏感，鉴定结构更为有利。

3. 偶合情况

碳原子常与氢原子联结，它们可以互相偶合，这种一键偶合常数($^1J_{CH}$)一般很大，如 sp^3 饱和碳的 $^1J_{CH}$ 约为 125Hz，sp^2 芳碳的 $^1J_{CH}$ 约为 160Hz，sp 炔碳的 $^1J_{CH}$ 可达 250Hz。未去偶之前的 ^{13}C 谱，各裂分的谱线彼此交迭，妨碍识别。常规 ^{13}C 谱都是质子噪声去偶谱，即加一个去偶场，包括所有质子的共振频率，去掉了全部 ^1H 与 ^{13}C 的偶合，最终得到各种碳的谱线都是单峰。这样处理的结果，使 ^{13}C 谱线强度大大提高，同时也改善了信噪比。

4. 图谱形式

碳原子与氢原子间虽有偶合，但它们的共振频率相差很大，如 ^1H 为 100MHz 时，^{13}C 只有 25MHz，$^1J_{CH}$ 约为 100~300Hz，所以甲基、次甲基、亚甲基等都构成了简单的 AX、AX_2、AX_3 系，比 ^1H 谱要简单得多。即使是不去偶 ^{13}C 谱，也可用一级谱解析。碳原子又是化合物的骨架，不像氢原子那样常处在分子的周缘，故分子间的作用少，主要是分子内的相互作用，这对研究分子结构、分子本身的运动、基因的相互关系、立体异构、分子内旋转等也有好处。

5. 弛豫

^{13}C 的自旋晶格弛豫和自旋弛豫比 ^{1}H 慢得多。有的化合物中一些碳原子的弛豫时间长达几分钟，这使得测定 T_1、T_2 等比较方便。弛豫时间长，造成谱线强度相对较弱，而且不同种类的碳原子弛豫时间相差较大，这样，可以通过测定弛豫时间，了解更多的结构信息和运动情况。如羰基、季碳、甲基的 T_1 较长，从图谱上各谱线相对强度的大小，很容易把它们识别出来。

由于各种碳原子弛豫时间不同，去偶造成的奥弗豪塞尔核效应(Nuclear Overhauser Effect，简称 NOE)大小不一，故常规 ^{13}C 谱是不能直接用于定量的。在进行定量测定时，要采取辅助措施，如加大脉冲间隔、缩小倾倒角、加入弛豫试剂等。

6. 双共振

^{13}C-NMR 有更多的双共振技术，并各有不同的目的。如偏共振——识别碳的各种类型；门控去偶——求偶合常数；选择去偶——标识谱线。

近代脉冲技术的发展，20 世纪 80 年代出现的二维谱技术也多用在 ^{13}C-NMR 上。一些区别碳的各种类型的新技术，如非灵敏核的极化转移增强技术(INEPT)、无畸变极化转移技术(DEPT 谱)、连接质子测试技术(APT)等都是为鉴定 CH、CH_2、CH_3 设计的。

^{13}C 谱影响化学位移的因素有：

（1）杂化

δ_C 受碳原子杂化的影响，其化学位移与 δ_H 的相差很大。一般情况如下，屏蔽常数 $\sigma sp^3 > \sigma sp > \sigma sp^2$。

（2）电子短缺

当碳原子失去电子时，强烈的去屏蔽，δ_C 移向低场。如正碳离子，δ_C 在 300 左右。如有 OH、芳烃取代，电子有转移，δ_C 可向高场移动。

（3）孤对电子

化合物结构变化后，如有未共享电子对，该碳原子的 δ_C 向低场移动约 50。

（4）构型的影响

构型不同时，δ_C 也不同。多环的大分子、高分子聚合物等的空间立构、差向异构，以及不同的规整度、序列分布等，δ_C 可以有相当大的差别，故 ^{13}C-NMR 是研究大分子精细结构的重要工具。

（5）溶剂的影响

不同溶剂和介质，可以使 δ_C 改变几个单位甚至达 10 以上。如苯胺的各个碳的 δ_C 随溶剂而改变，见表 2-3。又如 $CHCl_3$ 在非极性溶剂中，如环己烷、四氯化碳等，δ_C在较高场，而在极性溶剂中，如丙酮、吡啶等，δ_C在较低场，约有 5 的变化。

表 2-3　不同溶剂下苯胺的化学位移值

溶剂	l	o	m	p
CCl_4	146.5	115.3	129.6	118.8
CH_3COOH	134	132.6	129.9	127.4
CH_3SO_3H	128.9	123.1	130.4	130
$DMSO-d_6$	149.2	114.2	129	116.6
$(CD_3)_2CO$	148.6	114.7	129.1	117.9

注：苯胺有 4 种不同环境的氢原子，o 即 ortho-，代表邻位氢；m 即 meta-，代表间位氢；p 即 para-，代表对位氢；l 代表 NH_2 的氢。

如果分子中有可解离的基团，如 NH_2、COOH、OH、SH 等，在不同的 pH 下，δ_C 有明显的变化。因此，在一些水溶液样品的测定中，要注意这个问题。

7. 温度的影响

温度的变化可使 δ_C 有几个单位的变化。温度增加可使动态过程加快，并且影响平衡。当分子有构型、构象变化、内运动或有交换过程，其平衡常数 K 和速度常数 k 都随温度而变化，谱线的数目、分辨率、线型也都将随温度变化而发生明显的变化。

正是利用 $^{13}C-NMR$ 中这些变化，来研究其动态变化过程。

三、核磁共振其他谱图

^{31}P 核磁共振（$^{31}P-NMR$）技术在化学、医学以及军事科学领域中有着重要应用。$^{31}P-NMR$ 技术的缺点是灵敏度低，并且由于 P 原子核的自旋晶格弛豫时间长，微量磷化合物的高分辨测定比较困难。二维相关技术、无畸变的极化转移增强技术、质子连接试验、氧同位素技术以及位移试剂的使用，使 $^{31}P-NMR$ 技术的灵敏度提高，图谱信息量增加，而且解析方便，因而其应用日益广泛[4]。

$^{31}P-NMR$ 谱的获得相对是比较容易的。就目前的研究来看，$^{31}P-NMR$ 的获得主要有两个方面的困难：一是磷化合物一般都比较活泼，因此没有普遍适用的内标物，通常是用 85% H_3PO_4 作为外标物。由于外标物 H_3PO_4 的信号峰较宽，所以它还不是理想的标准物质。有人建议用纯 P_4O_6 作外标物，P_4O_6 的信号峰是尖锐的，但由于它的高活泼性及不易购得其商品，故阻碍了它的广泛使用。二是文献报道数据不一致。因为几乎无人对这些外标物的温度依赖关系做过研究。另外，它们的灵敏度很低，因而常见到同一物质的化学位移相差 5 以上。

氟原子在质谱分析中没有同位素峰，红外光谱中氟的特征峰也不典型。而

^{19}F-NMR灵敏度高、化学位移范围大、结构近似的化合物不易出现峰重叠。因此，^{19}F-NMR是有机氟化合物结构分析最重要的手段，从NMR的研究历史来看，^{19}F-NMR的重要性也曾被认为仅次于氢谱。

^{19}F-NMR的磁旋比和相对灵敏度接近质子，化学位移范围可达1000，谱图分辨率高，对环境因素较氢谱更为敏感、复杂，可反映出化合物结构的细微差别。^{19}F的天然丰度为100%，自旋量子数I=1/2，其磁矩为2.6273核磁子。在核数目相等、场相同的条件下，其相对灵敏度为氢质子的83.4%，在频率相同的情况下为氢质子的94.1%。因此，^{19}F-NMR容易得到高分辨率的谱图。

^{19}F-NMR谱图中吸收峰的强度与产生NMR信号的氟核数目成正比，且等价核只有一个峰，干扰少。通过提高磁场强度，改善仪器设计(如提高探头电子线路灵敏度以及软件滤波、消噪技术)，利用交叉极化(CP)、双共振或相干转移等技术以及增加测量时间和次数，可提高灵敏度和检出限，氟的检出限可达0.1mg/kg。因此，氟谱也适于定量分析，操作简单、快速，不破坏样品，且不需纯品做对照；在信噪比大于2.5的条件下，采样1024次，氟的检出限为0.2mg/L[5]。

其他相关方面的核磁共振谱还有氮谱、硅谱等，不再进行详细叙述。

第二节 核磁共振谱图解析

根据核磁共振原理，对于同种原子核，如果外磁场一定，其产生的共振频率就一定，故所有的原子核在同一频率产生吸收峰。但实际并非如此，由于同种原子核在分子中的位置不同，其化学环境不同，因此在共振时频率也会有所差别。根据这些差别，就可以从核磁共振谱图中得到结构信息。

波谱能提供的参数主要是化学位移、原子的裂分峰数、偶合常数以及各组峰的强度等，这些参数与有机化学物的结构有着密切的关系。因此，核磁共振波谱是鉴定有机化合物结构和构象的主要工具之一。

一、^{1}H谱图解析

1. 核磁共振氢谱解析的步骤

核磁共振氢谱解析，常见六个步骤：

① 区分出杂质峰、溶剂峰、旋转边带。杂质含量较低，其峰强度较样品峰小很多，样品和杂质峰面积之间无简单的整数比关系，据此可将杂质峰区别出来。

② 计算不饱和度。当不饱和度大于或等于4时，应考虑到该化合物可能存

在一个苯环或吡啶环。

③ 确定谱图中各组峰所对应的氢原子数目,对氢原子进行分配。根据积分曲线,找出各组峰之间氢原子的简单整数比,再根据分子式中氢的数目,对各组峰的氢原子进行分配。

④ 对每组峰的化学位移 σ 和偶合常数 J 都进行分析。根据每组峰氢原子数目及 σ 值,可对该基团进行推断,并估计其相邻基团,对每组峰的峰形应仔细地分析。分析时的关键之处为寻找各组峰中的等间距,每一种间距相应于一个偶合关系。一般情况下,某一组峰内的间距会在另一组峰中反映出来。通过此途径可找出邻位碳的氢原子数目。当用裂分间距计算 J 值时,应注意扫描谱图所用分析仪的工作频率,并根据仪器的工作频率从化学位移之差 $\Delta\delta$ 计算出 $\Delta v(\mathrm{Hz})$。当谱图显示烷基链 J 偶合裂分时,其间距($6\sim7\mathrm{Hz}$)也可以作为计算其他裂分间距所对应的赫兹数基准。

⑤ 根据对各组峰的化学位移和偶合常数的分析,推出若干结构单元,最后组合为几种可能的结构式。

⑥ 对推出的结构式进行指认。每个官能团均应在谱图上找到相应的峰,各组峰的 σ 值及偶合裂分(峰形和 J 值大小)都应该和结构式相符。若存在较大矛盾,说明所设结构式是不合理的,应予以去除。通过指认校核所有可能的结构式,进而找出最合理的结构式。

2. 分析谱图时经常遇到的问题

① 旋转边峰。为了提高固态样品分辨率,在测试时样品管高速旋转,在谱图上会产生旋转边峰。旋转边峰对主峰是左右对称的,一般小于主峰的5%,距主峰的距离等于旋转速度,匀场比较好时旋转边峰比较小。

② ^{13}C 同位素的卫星峰。^{13}C 同位素卫星峰是 ^{13}C 和 ^{1}H 之间偶合产生的,由于 ^{13}C 自然丰度为1.1%,所以这种偶合一般观察不到。

③ 杂质峰和溶剂峰。在图谱中经常会碰到杂质峰,其鉴别要根据实际情况而定。

④ 氘代溶剂的残留会在图谱上产生溶剂峰,如氘代丙酮、氘代 DMSO 为五重峰,这是由于氘对氢的偶合产生的。

3. 分析谱图的辅助手段

(1) 重氢交换

一些活泼氢,如—NH_2、—OH 或—COOH 等由于其氢键强弱不同,化学位移变化范围较大,不太容易辨认。此时在样品中滴加重水,则分子中活泼氢被重水中的重氢交换,活泼氢的峰就消失了。

（2）溶剂效应

由于苯和吡啶的磁各向异性较大，所以用苯和吡啶做溶剂时，谱图会有改变。由于 DMSO 的极性比 $CDCl_3$ 大，所以用 DMSO 作溶剂所得的图谱不相同。

（3）位移试剂

位移试剂对于带孤对电子的化合物有明显增大位移的效果。一般来说，对某官能团位移影响大小的顺序如下：

$$-NH_2>-OH>C=O>-O->-COOR>-CN$$

位移试剂为顺磁性金属配位化合物，如 Eu 的 β-二酮配位化合物、$Eu(DPM)_2$ 和 $Eu(fod)_2$ 等。

位移试剂与带孤对电子、基团产生配位作用，各种质子与配位化合物的立体关系和间距各不相同，因此受的影响就不同，产生的位移程度也就不同，从而把质子信号分开。

位移试剂除了能使化学位移向低场移动外，有些位移试剂也可使化学位移向高场移动。例如 Pr(DPM) 就是这样的位移试剂。

（4）双照射

双照射的原理是原子核相互偶合，所得谱峰发生分裂。偶合的条件为：偶合的核在某一自旋的时间必须大于偶合常数的倒数。在测试样品时需外加射频场产生共振，这时再加上一个照射射频来照射产生偶合的核，使其达到饱和，偶合条件破坏，则偶合的峰发生分裂，达到去偶的目的，这种方法称为双共振或双照射。

双照射可分为同核双照射（H—H）和异核双照射（C—H）。

二、^{13}C 谱图解析

在核磁共振发展初期，大部分有机化学家优先选择有机物的 ^{13}C 核，而不是 ^{1}H 核进行研究。毕竟，环状和链状化合物的碳架结构研究才是有机化学研究的核心。由于 ^{13}C 核的天然丰度和灵敏度比 ^{1}H 核低得多，导致早期连续波、慢扫描程序需要大量的样品和过长的扫描时间，严重阻碍了 ^{13}C-NMR 的发展。直到 20 世纪 70 年代，由于傅里叶变换仪器的使用，^{13}C-NMR 迅速得到推广和应用。现在 ^{13}C-NMR 的灵敏度已经大大得到提高，扫描时间也大幅缩短。

1. ^{13}C-NMR 特点

① ^{13}C 的自然丰度只有 1.1%，^{13}C 的磁旋比仅为 ^{1}H 的磁旋比的 1/4，所以 ^{13}C-NMR 信号比 ^{1}H 要低得多。

② 化学位移范围。^{13}C 的化学位移范围比 ^{1}H 的化学位移范围大得多。一般 ^{1}H 谱图范围在 0~10，而碳谱的范围在 0~250。

③ 偶合情况。碳原子与氢原子联结，可以相互偶合，$^{13}C-^{1}H$ 偶合常数一般很大，如 SP^3 饱和碳的 $^1J_{CH}$ 约为 125Hz，SP^2 芳碳的 $^1J_{CH}$ 约为 160Hz，SP 炔碳的 $^1J_{CH}$ 约为 250Hz，所以不去偶的 ^{13}C 谱各裂分的谱线彼此交迭，妨碍识别。常规 ^{13}C 谱为质子噪声去偶谱，即加一个去偶场，包括所有质子的共振频率，去掉了 ^1H 与 ^{13}C 的偶合，得到的各种碳线都是单峰。这样处理，使 ^{13}C 谱线强度大大提高，而且去偶照射，产生 NOE 效应也使谱线增强。

④ 弛豫。^{13}C 的弛豫比 ^1H 慢得多，而且不同种类的碳原子弛豫时间相差较大，可以利用这个差别采用脉冲技术，把伯碳、仲碳、叔碳、季碳原子从谱图上识别出来。

2. 核磁共振碳谱解析

① 鉴别谱图中的真实谱峰。溶剂峰，氘代试剂中的碳原子均有相应的峰，这和氢谱中的溶剂峰不同；杂质峰，可参考氢谱中杂质的判别；扫描碳谱时参数的选择会对谱图产生影响。当参数选择不当时，有可能导致季碳原子不出峰。

② 分子对称性的分析，若谱线数目等于分子中碳原子数目，说明分子无对称性；若谱线数目小于分子式中碳原子的数目，说明分子有一定对称性，相同化学环境的碳原子在同一位置出峰。

③ 碳原子化学位移 δ 值的区分。碳谱的化学位移大致可分为 3 个区：羰基或叠烯区 $\delta=150\sim163$，不饱和碳原子区 $\delta=90\sim160$，炔碳原子 $\delta=70\sim100$，由前两类碳原子可计算相应的不饱和度，此不饱和度与分子不饱和度之差表示分子中成环的数目；脂肪链碳原子区 $\delta<100$，饱和碳原子若不直接连氧、氮、氟等杂原子，一般 $\delta<55$。

④ 碳原子级数的确定。根据偏共振去偶或脉冲序列，如无畸变极化转移技术(Distortionless Enhancement by Polarization Transfer，简称 DEPT)进行确定。由此可计算化合物中与碳原子相连的氢原子数。若此数目小于分子式中氢原子数，二者之差值为化合物中活泼氢的原子数。

⑤ 结合上述几项推出结构单元，并进一步组成若干可能的结构式。

⑥ 进行对碳谱的指认，通过指认选出最合理的结构式。

三、综合解析

未知化合物核磁共振谱图的综合解析步骤：

① 了解每一种有机波谱分析方法的特点，从侧面反映分子骨架和部分结构的信息。

② 确定化合物的分子式。首先根据化合物的质谱确定分子质量，然后由元素分析结果基本确定分子式，由 DEPT 谱根据伯碳、仲碳、叔碳、季碳个数进一

步确证分子式。

③ 确定化合物的不饱和度。

④ 确定分子的各基团组成。根据化合物氢谱的化学位移和积分确定分子由哪些基团组成，由化合物碳谱的化学位移进一步确证这些基团的存在。

⑤ 推出化合物的结构。推出所有符合上面结果的可能结构的化合物。

⑥ 排除结构不合理的化合物。根据氢谱和氢-氢相关谱（COSY 谱）确定各基团之间的连接顺序，排除上面所列连接不合理的化合物。根据碳-氢直接相关谱（HMQC 谱）确定碳-氢碳之间的连接，进一步排除不合理的化合物。根据碳-氢远程相关谱（HMBC 谱）进一步确定各基团之间的连接顺序，排除不合理的化合物。完全符合所有谱图的化合物就可以确定其结构。

⑦ 确定化合物的构象和构型。由 NOESY 谱或 ROESY 谱确定化合物的构象或构型。

图 2-6 为某一未知结构的蛋白质谱图，通过核磁扫描后，就可确定其最终结构类型。

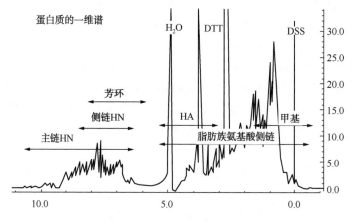

图 2-6　蛋白质谱图

一般通过一个核磁共振波谱图，我们能够获得相关的结构信息，包括峰的数目、峰的强度比、峰的位移值、峰的裂分数、偶合常数。

通常情况下，仅靠一张 ^{1}H-NMR 谱图无法解析出合理的分子结构，往往还需要结合 ^{13}C-NMR 谱图，来推断或者验证化合物的结构式。

通常一级谱图的解析具有以下特点：

① 偶合裂分峰数可以应用（$n+1$）规律。

② 裂分峰之间的峰强度之比符合 $(a+b)^n$ 二项展开式各项系数比的规律。

③ J 的大小与外部磁场的强度无关，与相互作用的两核间距离有关。

④ 相互偶合的二组质子，其 J 值相等。

⑤ 磁等价质子之间也有偶合，但不裂分，谱线仍是单一尖峰。
⑥ 裂分峰组的中心位置是该核的 δ 值，裂分峰之间的距离反映偶合常数的大小。

二级谱图的解析具有以下特点：

二级谱图解析较复杂，不能用 $n+1$ 规律解析，需要借助计算机和相关软件。

简化方法：增大核磁共振仪 B_0，$\Delta \nu / J$ 值增大，简化为一级谱图。

解析步骤：

① 谱图中有几组峰，几种氢。
② 各种氢核的个数。
③ 各峰的归属。
④ 常见结构的化学位移大致范围。

第三节　核磁共振定量分析

一、定量分析法的依据

定量分析是在定性分析和结构分析的基础上测定物质中有关组成的含量。其分析的依据是运用数学方法，对数据进行统计计算后，得出分析对象的各项指标及数值的一种方法[6]。

核磁共振定量分析最基础的关系是谱图中信号的积分面积正比于产生相应共振谱线的原子核的数目。其一般过程是：选择合适的内标物，将被测物与内标物分别准确称量，共同溶解于氘代试剂，在核磁共振仪中选择合适的仪器参数进行测量，选择不受干扰的共振信号进行定量分析。被测物的质量分数 ω_u（%）用下式(2-2)进行计算[7]：

$$\omega_u = \frac{m_a}{m_u} \cdot \frac{A_u}{A_a} \cdot \frac{E_u}{E_a} \cdot 100\% \qquad (2-2)$$

式中　m_a——内标物质量，g；

　　　m_u——被测物质量，g；

　　　A_a——内标物测定峰的值；

　　　A_u——被测物测定峰的峰面积平均值；

　　　E_a——内标的质子当量，为内标的相对分子质量/内标测定峰相应基团中的质子数；

　　　E_u——被测物的质子当量，为被测物的相对分子质量/样品测定峰相应基团中的质子数。

同时,在定量分析方面核磁共振技术具有如下优势[8]:

① 核磁共振波谱用于定量分析的基础是不同化学环境上的原子核共振吸收峰强度只与它的原子数有关。因此,不需要引进任何校正因子,不需要为每一种被测物选择相应的标准品,与传统的定值方法相比,具有极大的优势。

② 核磁共振波谱信号直接与化合物基团上的共振原子数目成正比,被测物的量值可被直接溯源到内标上,它还具备其他常用化合物纯度定值所不具有的优势。如果选用的内标物是通过基准方法溯源至国际单位制的标准物质,就可以直接将被测物的量值溯源至国际单位制。因此,近年来各国际标准物质研究机构都开展了核磁共振技术的研究。

③ 对被测化合物的要求低,只需要含有氢、碳或氮等元素,可对绝大部分有机化合物的纯度与含量进行定量。

④ 对被测化合物的纯度要求不是太高,因为只要化合物结构有较小差异,核磁共振谱图就有所不同。

⑤ 仪器操作简单,分析速度快。只需要将被测物与内标物准确称重并且溶解于同一种氘代溶剂,就可以在仪器中进行检测。

⑥ 灵敏度随扫描次数增加,灵敏度与扫描次数的平方根成正比,可以通过增加扫描次数,获得较高灵敏度。

⑦ 分析方法的机理和计算公式明确,容易对测量的影响因素和不确定度进行分析。

⑧ 样品无需分离,本身不受到任何破坏。

二、定量分析方法

与其他光谱方法类似,核磁定量分析方法是通过比较不同的吸收峰的强度来实现的。在进行 NMR 定量分析时,对于确定的核(如质子),其信号强度与产生该信号的核(如质子)的数目成正比,与核的化学性质无关,故一般只要对该化合物中某一基团上质子引起的峰强度进行比较,即可求出其绝对含量。当分析混合物时,利用内标法或相对比较法分析混合物中某一化合物时,无需该化合物的纯品作为对照标品。内标法只要找一合适的内标物进行比较就可求出其绝对含量;而采用各个组分的各自指定基团上质子产生的吸收峰强度进行相对比较,便可求得其相对含量。因此,在测量峰强度以前,必需了解化合物的各组成基团上质子所产生共振峰的相对位置,也就是它们的化学位移值,并选择一个合适的峰作为测量峰。

NMR 图谱中,可获得化学位移、偶合常数、共振峰强度。化学位移和偶合常数是结构测定的重要参数;而共振峰强度是定量分析的依据。共振峰强度直接与被测组分的含量成正比。定量分析时，一般只对该化合物中某一指定基团上质子引起的峰强度与参比标准中某一指定基团上质子引起的峰强度进行比较，即可求出其绝对含量。当分析混合物时，也可采用其各个组分的各自指定基团上质子产生的吸收峰强度进行相对比较，然后求得相对含量。因此，在测量峰强度以前，必须了解化合物的各组成基团上质子所产生共振峰的相应位置，也就是它们的化学位移值(δ值)，并选择一个合适的峰作为分析测量峰。常用的NMR定量分析方法有[9,10]：

1. 内标法(绝对测量法)

在样品溶液中，直接加入一定量内标物质后，进行NMR光谱测定。将样品指定基团上的质子引起的共振峰(即吸收峰)面积与由内标物质指定基团上的质子引起的共振峰面积进行比较，当样品与内标均经精密称重时，则样品的绝对重量(W_u)可由下式求得：

$$W_u/W_s = A_u \cdot EW_u/(A_s \cdot EW_s) \quad (2\text{-}3)$$

$$W_u = W_s \cdot A_u \cdot EW_u/(A_s \cdot EW_s) \quad (2\text{-}4)$$

式中　A_u——样品测得的峰面积；

　　　A_s——内标物测得的峰面积；

　　　EW_u——样品在该化学位移处的质子当量；

　　　EW_s——内标在该化学位移处的质子当量。

若样品重为W，则百分含量=$W_u/W \times 100\%$。

对内标物要求：

① 最好能产生单一的共振峰，在扫描的磁场区域中，参比共振峰与样品峰的位置至少有30Hz的间隔。

② 应溶于分析溶剂中。

③ 应有尽可能小的质子当量(EW_s)。

④ 不应与样品中任何组分相互作用。常用的内标物有：苯或苯甲酸苄酯(在5.3处，由$C_6H_5COOCH_2—C_6H_5$中的—CH_2所致)，适用于非芳香化合物；马来酸，适用于非链烯型化合物。

2. 相对测量法

当不能获得样品的纯品或合适的内标时，可用相对测量法进行分析。操作方法与内标法相同。计算相对含量是以样品指定基团上一个质子引起的吸收峰面积(A_1/n_1)和杂质指定基团上一个质子引起的吸收峰面积(A_2/n_2)进行比较，然后按下式计算样品与该杂质的相对百分含量：

样品的相对百分含量=$\{A_1/n_1/[(A_1/n_1)+(A_2/n_2)]\} \times 100\%$

式中 n_1和n_2为指定基团的质子数。

本法适用于含有一二种杂质的样品的分析。

3. 外标法

欲测样品中某一组分的含量,可采用该组分的标准品做成一系列不同浓度的标准液,使样品液浓度在其范围内,然后进行 NMR 测定,由所得图谱中某一指定基团上质子引起的峰面积对浓度作图,即得标准品的校正曲线。在平行条件下,测定样品溶液组分指定基团上质子的峰面积,即可由校正曲线求得样品的浓度。

4. 峰高或峰位测量法

结构相似的混合物样品(如互为异构体),由于其 NMR 峰分离效果不好,用峰面积定量法不能精确测定,误差较大,此时可考虑采用峰高测量法或峰位测量法。

(1) 峰高测量法

基于峰高与样品中有关核的浓度成正比,各组分之间的峰高比只取决于样品的百分组成,而与样品的多少和仪器的性能无关。测定某一对异构体时,先用异构体 Ⅰ 和 Ⅱ 的纯品配成溶液,再用质子快速交换简化光谱。由简化的 NMR 光谱可知两异构体的吸收峰互不干扰;可测出各自峰高。两者摩尔数 $M_Ⅰ + M_Ⅱ = 1$,若两者的峰高为 $H_Ⅰ$ 和 $H_Ⅱ$,则:

$$H_Ⅰ = M_Ⅰ \times C_Ⅰ = (1 - M_Ⅱ) C_Ⅰ \tag{2-5}$$

$$H_Ⅱ = M_Ⅱ \times C_Ⅱ \tag{2-6}$$

两式中,$C_Ⅰ$ 和 $C_Ⅱ$ 是异构体 Ⅰ 和 Ⅱ 的峰高系数,为已知,$H_Ⅰ$ 和 $H_Ⅱ$ 可测得。据此可求得 $M_Ⅰ$ 和 $M_Ⅱ$。

(2) 峰位测量法

当样品中两种组分之间具有可进行质子快速交换的基团时,经质子快速交换后,原来两种组分基团的信号合并,在 NMR 光谱上得到单一信号,此峰的化学位移与两组分的摩尔分数有线性关系。因此,测出混合物的化学位移,可直接求出二组分的混合比例。如有机胺及其盐的 N—CH$_a$ 上的质子可以进行质子快速交换,可用 NMR 法定量测定有机胺酸性水溶液的氯仿提取液中游离胺及其盐的比例。

混合物中 N—CH$_a$ 的化学位移(δ_m)可按式(2-7)计算:

$$\delta_m = \delta_b + (\delta_a - \delta_b) X_a \tag{2-7}$$

式中 δ_b 和 δ_a 为纯的游离胺及其盐的化学位移,X_a 为盐的摩尔分数。以 δ_m 对 X_a 或 X_b(游离胺的摩尔分数)作图,应呈直线关系。因此,可先用纯品配成已知组成比例的混合物,测得其 δ_m 并作出校正曲线后,再测得未知混合物的 δ_m,即可由校正曲线求得 X_a 或 X_b。

目前，核磁定量分析方法已经在多种领域广泛应用，尤其是在医药生物、石化等领域。

三、化学计量学方法

化学计量学是一门新兴的化学分支学科，是由数学、统计学、计算机技术和化学相结合的交叉学科，其涵盖了化学测量的全过程，包括采样理论、实验设计、选择和优化实验条件、单变量和多变量信号处理以及数据分析。

最初是由瑞典化学家沃尔德（S. Wold）在1971年首先提出化学计量学一词[11]。随后，在20世纪80年代化学计量学有了较大的发展，各种新的化学计量学算法的基础及应用研究取得了长足的进展，成为化学与分析化学发展的重要前沿领域。它的兴起有力地推动了化学和分析化学的发展，为分析化学工作者优化试验设计和测量方法、科学处理和解析数据并从中提取有用信息，开拓了新的思路，提供了新的手段。20世纪90年代后，化学计量学得到广泛推广与应用。

一般化学计量学有三要素：评估和解析化学数据或分析数据；优化化学过程或分析过程及实验；从实验数据中提取最大限度的化学和分析信息。

就研究范围而言，化学计量学贯穿了实验设计、数据处理、结果解析、方法评价、构效关系等整个分析与物理化学领域及分析测试全过程。如多因素调优方法可克服传统分析化学单因素调优的不足，使分析程序达到总体最优；采用多元校正技术，即可充分利用测试仪器所提供的各种信息又能消除共存组分及背景干扰，实现不经分离的直接多组分测定；因子分析如主成分分析（PCA）能估计出完全未知混合物中可能存在的化学物中数目并获得相应的光谱形状；模式识别含聚类分析及自适应模式识别（APR）可基于多维测量信息提取某些特征，对研究对象进行判别并确定其归属，对分析测试与其他化学数据进行剖析、整理和分类；信息理论用于分析化学优化及优劣评价，并提供了较客观的标准；信号处理技术：如滤波技术，可改善信噪比（SNR）、增加灵敏度、滤除噪声、分辨重叠峰、校正背景与漂移等。模糊数学或模糊集合理论已为化学计量学或分析化学所采用，特别是解决一些含糊不确定的问题。人工智能作为计算机科学的前沿领域很自然地为化学计量学家所应用，专家系统可帮助整理、归纳、总结某些规则或规律，辅助人们做出决策；人工神经网络（ANNs）作为一种新兴的并行分布处理算法，经学习培训可用于光谱及波谱校正与定量、构效关系研究、多传感器阵列多组分分析等，可得到与其他多元分析（MVA）相近或更好的结果。一旦得到硬件支持，ANNs将会显示出更好的前景。分形概念与方法是一种用于探讨复杂问题的有效工具，作为一种建立在非欧几何学上的方法，对探讨和解决化学中涉及的无规界面、无序介质、振荡混沌等现象及其过程中相关的复杂问题提供了新途径。此外,逐步回归、整理统计等在化学化工中用于建立模型、鉴别数据等[12,15]。

化学计量学校正方法在定量校正方法上常用的有主成分回归(PCR)、偏最小二乘法(PLS)等。下面重点介绍以上两种方法。

(1) 主成分回归(PCR)[16]

主成分回归法是采用多元统计中的主成分分析方法(PCA),先对混合物谱图量测矩阵 X 进行分解,然后选取其中的主成分来进行多元线性回归分析,称之为主成分回归。

主成分回归的核心是 PCA,其中心目的是将数据降维,将原变量进行转换,使少数几个新变量是原变量的线性组合。同时,这些变量要尽可能多地表征原变量的数据特征而不丢失信息,经变换得到的新变量是相互正交的,即互不相关,以消除众多信息共存中相互重叠的信息部分。

主成分回归有效克服了多元线性回归由于输入变量间严重共性引起的不稳定算法带来的计算误差放大问题。在最大可能利用谱图有用信息的前提下,通过忽略那些次要主成分,抑制了测量噪声对模型的影响,进一步提高了所建模型的预测能力。

主成分回归的主要目的是要提取隐藏在矩阵 X 中的相关信息,然后用于预测变量 Y 的值。这种做法可以保证让我们只使用那些独立变量,噪声将被消除,从而达到改善预测模型质量的目的。但是,主成分回归仍然有一定的缺陷,当一些有用变量的相关性很小时,我们在选取主成分时就很容易把它们漏掉,使得最终的预测模型可靠性下降。

(2) 偏最小二乘法(PLS)[17]

偏最小二乘法是一种数学优化技术,它通过最小化误差的平方和最小化,从而找到最佳的一组数据与函数进行匹配。偏最小二乘回归≈多元线性回归分析+典型相关分析+主成分分析。与传统多元线性回归模型相比,偏最小二乘回归的特点是:

① 能够在自变量存在严重多重相关性的条件下进行回归建模。
② 允许在样本点个数少于变量个数的条件下进行回归建模。
③ 偏最小二乘回归在最终模型中将包含原有的所有自变量。
④ 偏最小二乘回归模型更易于辨识系统信息与噪声(甚至一些非随机性的噪声)。
⑤ 在偏最小二乘回归模型中,每一个自变量的回归系数将更容易解释。

在计算方差和协方差时,求和号前面的系数有两种取法:当样本点集合是随机抽取得到时,应取 $1/(n-1)$;如果不是随机抽取的,这个系数可取 $1/n$。

采用最简的方法求得一些绝对不可知的真值,而令误差平方之和为最小。在

PCR中,采用的是对谱图矩阵 X 进行分解,消除无用的噪声信息。同样,浓度矩阵 Y 也包含有无用信息,应对其做同样的处理,且在分解谱图矩阵 X 时应考虑浓度矩阵 Y 的影响。PLS就是基于以上思想提出的多元回归方法。

采用对变量 X 和 Y 都进行分解的方法,从变量 X 和 Y 中同时提取成分(通常称为因子),再将因子按照它们之间的相关性从大到小排列。而后根据不同因子下的参数,合理地选择主因子数,得到最终的分析模型。

由此可见,化学计量学及其中信息理论为现代分析化学成为化学信息科学提供了基础与支撑,也促进了分析化学的变革并从单纯的"数据提供者"到有用的"问题解决者"这一飞跃。

参 考 文 献

[1] 夏之宁. 核磁共振波谱研究[J]. 波谱学杂质,1998.
[2] 赵天增. 核磁共振氢谱[M]. 郑州:河南科技大学技术出版社,1993.
[3] 沉其丰. 核磁共振碳谱[M]. 北京:北京大学出版社,1988.
[4] 叶汝汉. 含磷化合物核磁共振谱图的研究与应用[J]. 广东工业大学,2011.
[5] 仇镇武. 含氟化合物核磁共振谱图集的研究与应用[J]. 广东工业大学,2011.
[6] 俞汝勤. 化学计量学导论[M]. 长沙:湖南教育出版社,1991.
[7] 许禄. 化学计量学方法[M]. 北京:科学出版社,1990.
[8] 路晓华. 化学计量学[M]. 武汉:华中理工大学出版社,1997.
[9] 赵红霞. 化学计量学方法在分析化学中应用[J]. 鞍山科技大学.
[10] 陈宗海. 分析化学中的化学计量学方法研究[J]. 中国科学技术大学.
[11] 李志良. 化学计量学及其发展概况[J]. 大学化学,1992,7(1):32-35.
[12] 李绍珠. 多元回归分析[J]. 南京大学.
[13] MALZF,JANCKEH. Validation of quantitativeNMR[J]J. Pharm. Biomed. Anal.,2005,38(5):813-823.
[14] PAULIGF,JAKIBU,LANKINDC. A routineexp erimental protocol for qHNMR illustrated with taxol[J]. J. Nat. Prod.,2007,70(4):589-595.
[15] SAITOT,NAKIES,KNOSHITAM,et al. Practical guide for accurate quantitative solution state NMR analysis[J]. Metrologia,2004,41(3):213-218.
[16] 栾利新,唐新忠,等. 主成分回归法同时测定白油中单环及多环芳烃含量[J]. 应用化工,2008,37(1):104-106.
[17] 陈腾,张蕾. 偏最小二乘法及其扩展算法在石油化工生产中的应用[J]. 计算机与应用化学,2016,33(7):814-820.

第三章 石油化工核磁共振分析系统

第一节 石油化工行业特点

石油化工行业是化学工业中的重要组成部分,也是我国基础性产业。具体来说,石油化工行业狭义上是指化学工业中以石油为原料生产化学品的领域,主要包括各种燃料油(汽油、煤油、柴油等)和润滑油以及液化石油气、石油焦炭、石蜡、沥青等,广义上也包括天然气化工。

当前,我国石油化工行业正处于产业增长时期,产能增长超出市场和GDP发展需求,产品形成过剩产能,产业需求已从生存型阶段进入生活型阶段,需求层次、需求内容、产业映射和核心价值等各方面都在发生变化。我国石油化工行业正在努力,下一步将要进入到生态型阶段,这需要更多高端技术和清洁资源的保障。

作为世界上已经出现过能源危机的非再生资源,石油已经成为了全世界都渴求的能源。而目前我国石油行业原油资源短缺,依赖进口原油;炼油及石油化工原料需求矛盾越来越突出;原油价格波动大、生产成本高;安全、节能、减排、环保等规范要求严格。

目前,全球石油化工行业面临的最大挑战在于油气资源短缺、供需不平衡、生产成本提升及对产业一体化的迫切需求。作为当今世界上发展速度最快的技术,自动化技术、信息技术和现代管理技术已经成为国际性企业争相采用、不断提升自身竞争力的技术手段和方法。随着世界范围内石油化工生产技术不断进步,石油化工企业正朝着大型化、一体化、智能化和清洁化等方向发展。传统的石油化工企业生产过程控制系统的设计理念也随之发生了改变。

近年来,中国石化企业提出了发展石化企业智能化生产技术,建设"智能工厂"[1]。石化"智能工厂"是以自动化技术、信息技术和现代管理技术相结合提升石化传统行业的综合技术。当前世界各国都十分重视"智能工厂"技术,部分企业已经实现了设计、生产管理和经营一体化。今后几年,石化工业智能制造技术的重点将是检测技术的数字化、控制技术的智能化、生产过程控制与经营管理一体化,以及企业内部与外部供应链管理优化的一体化。通过生产操作自动化、经营管理信息化、生产管理与过程控制管控一体化,实现企业从原油选择、采购、生产加工过程到石油、化工产品出厂全过程的智能化生产及管理,使企业的利润最大化。

专家预测,在未来十几年内石油化工智能化生产技术将呈现以下趋势:

① 充分满足21世纪石油化工企业大型化、一体化、智能化、清洁化的需要,充分体现安全、健康、环保和循环经济的理念。

② 生产过程自动化与企业生产、经营管理信息化的一体化、集成化。

③ 生产过程控制装备的数字化、网络化。

④ 实现设计、生产、经营管理诸环节的柔性化、敏捷化、虚拟化。

⑤ 科研、设计、工程、生产、经营和决策的数字化、自动化、网络化。

⑥ 公司与供应商、客户、合作伙伴协同业务的网络化、全球化。

石油化工行业是一个高风险的行业,有着自己的行业特点。具体表现在:

(1) 易燃易爆

石油化工生产,从原料到产品,包括工艺过程中的半成品、中间体、溶剂、添加剂、催化剂、试剂等,绝大多数属于易燃易爆物质,还有爆炸性物质。它们又多以气体和液体状态存在,极易泄漏和挥发。尤其在生产过程中,工艺操作条件苛刻,有高温、深冷、高压、真空,许多加热温度都达到和超过了物质的自燃点,一旦操作失误或因设备失修,便极易发生火灾爆炸事故。另外,就目前的工艺技术水平看,在许多生产过程中,物料还必须用明火加热;加之日常的设备检修又要经常动火。这样就构成一个突出的矛盾,既怕火,又要用火,再加之各企业及装置的易燃易爆物质储量很大,一旦处理不好,就会发生事故,其后果不堪设想,以往所发生的事故,都充分证明了这一点。

(2) 毒害性

石油化工生产,有毒物质普遍地存在于生产过程之中,其种类之多、数量之大、范围之广,超过其他任何行业。其中,有许多原料和产品本身即为毒物,在生产过程中添加的一些化学性物质也多属有毒的,在生产过程中因化学反应又生成一些新的有毒性物质,如氰化物、氟化物、硫化物、氮氧化物及烃类毒物等。这些毒物有的属一般性毒物,也有许多高毒和剧毒物质。它们以气态、液态和固态三种状态存在,并随生产条件的变化而不断改变原来的状态。此外,在生产操作环境和施工作业场所,还有一些有害的因素,如工业噪声、高温、粉尘、射线等。对这些有毒有害因素,要有足够的认识,采取相应措施,否则不但会造成急性中毒事故,还会随着时间的增长,即便是在低浓度(剂量)条件下,也会因多种有害因素对人体的联合作用,影响职工的身体健康,导致发生各种职业性疾病。

(3)腐蚀性强

石油化工行业在生产过程中存在各种腐蚀性物质，腐蚀性主要来源于：

其一，在生产工艺过程中使用、产生多种强腐蚀性的酸、碱类物质，如硫酸、硝酸、盐酸和烧碱等，它们不但对人有很强的化学性灼伤作用，而且对金属设备也有很强的腐蚀作用。

其二，在生产过程中有些原料和产品本身具有较强的腐蚀作用，如油品中含有硫化物、氯化物等产生的酸性物质，对设备、管道造成腐蚀。

其三，由于生产过程中的化学反应，会生成许多腐蚀性的物质，如硫化氢、氯化氢、氮氧化物等。腐蚀的危害不但会大大降低设备使用寿命，缩短开工周期，而且更重要的是它可使设备减薄、变脆，承受不了原设计压力而发生泄漏或爆炸着火事故。

(4)生产的连续性

石化生产装置呈大型化和单系列，自动化程度高，只要有某一部位、某一环节发生故障或操作失误，就会牵一发而动全身。装置的大型化将带来系统内危险物料贮存量的上升，增加风险。同时，制取石油化工产品，生产的工序多，过程复杂，其生产具有高度的连续性，不分昼夜，不分节假日，长周期的连续倒班作业。任何一个厂或一个车间，乃至一道工序发生事故，都会影响到全局。

(5)易出现突发灾难性事故

石化生产过程中，需要经历很多物理、化学过程和传质、传热单元操作，一些过程控制条件异常苛刻，高温、高压、低温、真空等，如蒸汽裂解的温度高达$1100℃$，而一些深冷分离过程的温度低至$-100℃$以下；特别是在减压蒸馏、催化裂化、焦化等很多加工过程中，物料温度已超过其自燃点，一旦泄漏，立即自燃。

第二节 核磁共振分析系统

由第一章内容可知，核磁共振是磁矩不为零的原子核，在外磁场作用下自旋能级发生塞曼分裂，在对其施加某一特定频率的射频脉冲时，会由低能态跃迁到高能态，在停止射频脉冲后，原子核会立即由高能态返回至低能态状态，并将释放出的能量转化为电信号的现象。以核磁共振技术为基础，可对样品内部的化学结构进行准确地定性和定量分析。

一、核磁共振技术应用范围

由 NMR 分析技术的基本原理可知，^{1}H-NMR 分析技术主要是对样品结构中的氢原子进行检测，因此只要受氢核结构影响的物性都可利用 NMR 分析技术进行检测。

核磁共振分析技术应用于石油化工领域,主要是液体介质的物性分析,可以快速检测分析原油、石脑油、煤油、柴油、蜡油、润滑油等物料的主要性质[2]。

核磁共振分析系统可以分为离线核磁分析系统和在线核磁分析系统。

离线核磁共振分析系统主要应用于实验室的快速分析,应用于石化厂中控分析,可以对石化厂各装置(如常减压、催化、焦化、加氢、重整等)原料及侧线产品(如原油、汽油、煤油、柴油、蜡油、渣油等)进行物性快速分析,减低传统化验分析,提高物料质量分析频次,优化生产。另外离线核磁分析系统还可以应用于原油离线分析在线调和,离线分析混合前各组分原油性质及混合后原油性质,及时反馈给原油调和调度系统,优化调和比例,减少混合后性质波动以及降低原油成本。

在线核磁共振分析系统主要应用于装置的在线实时分析,在线实时分析某一装置的原料及侧线产品物性信息,实时监测装置物料质量变化,及时反馈装置优化操作,实现装置的"卡边"操作。另外,在线核磁分析系统还可以应用于原油在线调和,以及成品油(汽油、柴油)在线调和。实时在线分析调和前各组分性质以及混合后物料性质,及时调整优化调和比例,减少性质波动、质量过剩,降低调和成本。

核磁共振分析系统可以分析的物料物性见表3-1。

表3-1 NMR技术的分析项目

物料	物 性
原油	密度、酸值、碳含量、氢含量、硫含量、氮含量、水含量、残炭、凝点、胶质、沥青质、各馏程段收率、金属含量(镍、钒)等
汽油	碳含量、氢含量、硫含量、氮含量、烷烃、烯烃、环烷烃、芳烃、密度、馏程、辛烷值等
煤油	碳含量、氢含量、硫含量、氮含量、烷烃、烯烃、环烷烃、芳烃、密度、黏度、馏程、闪点、凝点、冰点等
柴油	碳含量、氢含量、硫含量、氮含量、密度、黏度、十六烷值、馏程、闪点、凝点、芳烃含量等
蜡油	碳含量、氢含量、硫含量、氮含量、密度、残炭、碱性氮、黏度、馏程、饱和烃、芳烃、胶质、沥青质等
渣油	碳含量、氢含量、硫含量、氮含量、凝点、黏度(100℃)、残炭、密度、镍、钒、馏程等

二、离线核磁共振分析系统

离线核磁共振分析系统可应用于石化企业的日常化验分析或应用研究。具有快速、准确、工作量小、一次能分析多个物性等特点。

(一)离线核磁共振分析系统组成

离线核磁共振分析系统(以下简称"离线核磁分析")的主要过程是：样品在特定的温度下，进行核磁扫描，得到核磁工作谱图，利用建模软件进行图谱解析，得到相应的物性数据，数据应用于石化企业优化生产。离线核磁分析可对多装置、多物料、多物性进行分析。

离线核磁分析特点显著，主要包括：

① 样品快速分析检测，每个样品分析时间 2min。

② 单台仪器，分析多个介质、多项指标参数。

③ 磁场稳定、均匀；分析样品无需处理，简单过滤后放入核磁管内进行分析。

④ 可分析不透光、有色、含水、含气泡等物料。

离线分析系统包括三个部分：NMR 离线分析仪、建模软件和原料油快评分析系统。

待测物料通过 NMR 离线分析仪进行扫描，得到相应的核磁谱图；然后利用物性分析模型对核磁谱图进行解析，得到物料多个物性的基础数据；最后，将物料的物性基础数据上传至原料油快评分析系统，原料油快评分析系统预留有各种数据接口，可以与石化企业的数据管理系统等相关的系统进行无缝连接，实现数据共享和综合应用，建立全厂的物性地图，实现对全厂物料质量监控，并为优化应用提供基础全面的数据支撑。

1. 离线核磁分析仪

离线核磁分析仪是离线核磁分析系统的重要组成部分。这里以 60MHz 的 ^{1}H 核磁分析仪为例，具体参数见表 3-2。

表 3-2 离线核磁分析仪的相关参数

观 察 核	^{1}H
工作频率	(60±0.5)MHz
NMR 探头	环境温度探头，设计用于 5mm 或 8mm 核磁管的样品分析
工作环境温度	带空调，20~30℃，允许温度波动<5℃
环境湿度	小于 70%
电源要求	标准 220V，3A/110V，5A
磁体	温度恒定自压缩场永久磁体，计算机控制磁场梯度线圈
场强	45℃，1.47T
边缘场	磁体壳外小于 1Gs(1Gs=10^{-4}T)
净缸径	直径 30mm
频率稳定性	环境温度变化±5℃，频率漂移不超过±1000Hz，^{1}H 频率

核磁共振分析仪是对各种有机成分、结构进行定性分析的最强有力的工具之一，其原理如图3-1所示。

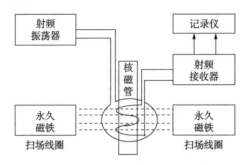

图3-1　核磁共振分析仪原理图

离线核磁分析仪包括磁体系统、样品分析探头、检测器、发射信号放大器和谱仪等部分。

磁体是永久磁体，它的场强质量比非常大，用一小块紧凑包装的磁铁，就能够达到所需要的磁通密度。磁体的组装工艺非常复杂。它由多个片断结合在一起，先制造成磁体，然后组装成基本组件，如图3-2所示。

磁体内安装了一个匀场盒，在磁极片之间的磁体中心，还有几十个金属线圈。通过改变这些线圈上的电流，就可以控制这些金属线圈的场强和极性方向，以提高整个磁体组件磁场的均匀性，这个操作过程称为匀场。

图3-2　离线NMR磁芯

样品分析探头能保证测试样品管插入匀场线圈之间的磁体模块，也能保证流通样品管插入，对流体进行连续测量。

样品分析探头安装在永磁铁内部磁极间隙。探头本身是用纯陶瓷管或石英管制成，插入到通过磁体极片之间空隙中心匀场线圈盒上的通道。样品管的内径是5~10mm。在实验室测试中，样品管充满样品，需要手动插入到探头中进行分析。

检测器由线圈、电路板、温度探头等部件构成，通过USB通信线与PC通信，用来检测核磁信号的共振频率。

发射信号放大器位于NMR谱仪的内部，用于放大信号，产生射频脉冲，脉冲时间由程序软件控制。

谱仪发射射频(RF)脉冲，接收样品返回的信号，对信号进行分析，并把频谱信息发送到配置的电脑。

2. 建模软件

核磁共振分析技术主要由核磁共振分析仪和 NMR 信号的解析两部分组成，样品经核磁共振分析仪生成谱图，谱图反映的是样品微观结构和组成信息，该类信息需要专门解析软件进行解析，才能得到样品的物性信息。石油化工领域基于 NMR 分析仪进行样品物性分析，一般通过化学计量学方法进行模型解析。因此，化学计量学模型是核磁共振分析技术中信号解析的关键。

建立化学计量学模型的软件(简称建模软件)，主要是用于将样品的物性实际分析数据与核磁谱图进行关联，找出二者之间的对应关系，从而建立相应物性的分析模型。它包含了谱图与物性实际数据的录入、谱图的预处理以及谱图与物性实际数据之间关系的建立等功能，可以通过已知的准确的物性分析数据，快速地找出物性实际数据与核磁谱图之间的关系，并建立物性分析模型。

建立模型时，需要对谱图进行预处理，选择合适谱图区域，挑选合理的数学方法，从而减少无关因素对模型的影响，提高模型准确性。

以化学计量学里常用的偏最小二乘法为例进行说明，偏最小二乘法，是一种多因变量对多自变量的回归建模方法，很好地解决了以往用普通多元回归无法解决的问题。它对变量 X 和 Y 都进行分解，从变量 X 和 Y 中同时提取成分(通常称为因子)，再将因子按照它们之间的相关性从大到小排列。

根据此方法，选取图谱中与物性关联度较大的信号区段，将这些点与物性数据进行关联，得到宏观物性与样品微观结构有直接对应关系的数据模型。基于 NMR 技术的物性模型校准后可长期使用，无需再校正。

模型的建立包括以下几个步骤：

① 选择有代表性的样品进行 NMR 扫描，得到 NMR 谱图。

② 采用常规方法对相应样品的各个物性进行测定，得到准确的物性数据。

③ 将谱图和物性数据关联，通过偏最小二乘法计算标准曲线，得到相应的物性模型。

将所需的样品谱图添加到谱图库中，编辑所要添加物性的名称、单位、有效位数等信息，而后将对应的物性数据填入表中进行保存。

数据与谱图的关联，是整个建模过程的核心部分，它将谱图信息与物性实际数据之间进行了联系，从而建立了相应的物性分析模型。

对于谱图的预处理方法，包含了分割器、一阶差分、二阶差分、微分、平滑、矢量归一化、均值化、标准化等十几种方法进行选择，每一种物性的谱图在进行处理时，可根据物性自身的性质，选择其中一种或几种进行组合。

在选定谱图的预处理方法后，还要对谱图中影响物性变化的区域进行选择。

一般来说，谱图在选择对应的区间时，下面会有相关性系数在随位移改变而变化的信息。相关性系数通常定义为解释的变量与总变量的比值，反映了物性实际数值与谱图中该区域的相关情况。因此，可根据相关性系数的数值，对谱图中影响物性变化的区域进行选择。

物性实际数据与谱图信息进行关联，需要选择合适的数学方法进行计算，从而得到一系列反映两者之间对应关系的分析模型。

在对物性实际数据与谱图信息之间的关系进行评价后，会得到相应的物性分析模型。同时，软件中还会给出预测结果、预测偏差、预测标准偏差和马氏距离等信息。

当各物性分析模型都建立完成后，便可将保存得到的整体模型绑定到原料油快评系统内，用于对同类型的原料油进行分析和评价，得到相应的物性预测结果。

得到的分析结果需要定期与实验室分析结果进行比对，若两者的偏差在允许的误差范围内，模型可继续用于相应原料油的日常分析和评价；若连续几次比对两者的偏差都超出了允许的误差范围，则应对相应的分析模型重新进行校正。

（1）影响分析模型精确度的因素

在建模过程中，模型的精确度会受到物性数据的选择、谱图预处理方法的选择、区间选择、主因子数的选择等多个因素的影响。因此，若要提高各物性分析模型的准确性，应重点从以上几个因素出发，做出较为合理的选择，从而提高各物性分析模型的精确度。

在建立谱图库时，需要导入样品的谱图及其对应的物性数据，而后再将物性数据与谱图相关联，建立相应的物性分析模型。因此，录入的物性分析数据的准确性就显得特别重要，每个样品谱图所对应的物性分析数据都应该是严格地按照标准方法进行分析和检测，以确保所录入分析数据的准确性。

同时，导入的样品谱图，在分析时也应该严格地控制磁场的稳定性和样品的温度等条件，以确保所得到的谱图能够准确地反映样品中各分子结构的信息，从而减小了样品原始物性数据和谱图对模型精确度的影响。

此外，模型的精确度还与建模时所用样品的数量有关。通常来说，样品的数量越多，得到的模型就会越精确。

将物性数据与谱图关联之前，样品的谱图需要数学方法进行处理。谱图进行预处理可以起到降低低频噪声(和漂移)的影响、提高分辨率、方便峰位置的准确定位、放大高频噪声等多种作用。因此，在建模的过程中，可根据谱图的特点和物性的种类选择合适的方法进行处理。一般来说，对于不同原料油的核磁谱图，其最佳预处理方法也会有所不同；而对于同一种原料油的不同物性，在建模过程中，其最佳的谱图预处理方法也会有所不同。

区间的选择，主要是对谱图中影响物性变化的区域进行限定，进而排除谱图中噪声、环境干扰等无关信息对建模过程的影响。特定的物质，可根据相关的理论知识，选择信号产生的位置（如硫含量的分析模型，可先确定硫在该原料油中存在于哪些结构中，并找出这些结构在核磁谱图中的出峰位置，而后选择相应的区域）。

而对于一些无法确定其具体影响区域的物性来说，参考相关性系数的大小进行选择。相关性系数是指谱图中该区域的峰强度与物性实际数值的相关情况，正值表示二者的变化趋势相同，负值则表示二者的变化趋势相反。系数的绝对值越大，说明该区域的峰强度对该物性数值的影响越大。因此，可根据相关性系数的数值，对谱图中影响物性变化的具体区间进行选择。

在对主因子数进行选择时，可参考不同主因子下预测结果、预测偏差、预测标准偏差和马氏距离等参数进行合理的选择。一般，选择的主因子数既不能太大，也不能太小。如果所用的因子数太少，谱图中一些有用的信息就没有包含在模型中，导致校正的结果和预测的结果都不准确，这种状态被称为"欠拟合"；如果所用的因子数太多，校正的结果准确，但对没有在校正集中样品的预测结果会很差，这种状态被称为"过拟合"；只有选择合适的主因子数，才会使校正的结果和预测的结果都很准确，这种状态被称为"最佳拟合"。

（2）模型校验的条件

对于每种原料油物性的分析模型，都需要根据实际情况，以相应实验室分析方法的允许误差要求为标准，进行检测和验证。

如出现以下几种情况，则需要对分析模型重新进行校正：

若样品某一物性，分析模型预测结果与实验室传统分析结果对比，连续两次超出允许误差范围时，需要对整个分析过程进行排查。影响超出误差范围因素主要是：样品问题、NMR分析操作有误、实验室传统分析有误、分析模型预测有误等。需要重新取样，严格按操作规程进行分析比对，确认分析模型预测有误，则需要对模型进行修正，调整模型。

目前，核磁分析系统采用特定的建模软件建立各物性的分析模型。建模完成后，可将分析模型绑定到原料油快评分析系统中，使得对样品核磁谱图进行解析后，能够将样品的性质数据直接上传至快评系统。

3. 原料油快评系统

原料油快评系统是和NMR分析仪、建模软件相配套的，是基于物性数据的管理系统。其主要功能是：

① 与NMR分析仪操作软件进行集成，展示NMR分析过程和结果谱图。

② 与建模软件进行集成，自动进行谱图解析，预测结果进行展示。

③ 基于预测结果基础上，进行综合化、多元化、多形式展示，根据应用场景不同，侧重点不同，定制开发。

④ 基于 NMR 分析原油生成的简评报告，根据物性特征及数学算法，拟合生成原油的全评报告，全面评价原油性质。

⑤ 基于历史原料油性质数据的全面统计与分析，为生产管理提供决策支持。

⑥ 系统集成，信息共享。通过系统集成，实现对生产计划优化系统、生产调度优化系统、厂级实时数据库系统、实验室信息管理系统和生产管理系统 MES 等多个应用系统平台进行数据互传、信息共享。

⑦ 原料油快评系统管理，包括权限管理、用户软件、日记管理、菜单管理等。

（二）离线核磁共振分析系统特点

NMR 技术具有线性响应、信号变化明显和绝对量信号的特点。

线性响应指的是所有样品中，化学组分的波峰强度与样品中相应组分的浓度是一个线性关系；质子数量一致，信号强度一致。

信号变化明显指的是 NMR 波谱对不同化学性质的样品，谱峰变化明显，峰的响应灵敏度极高。NMR 的高信噪比，使性质指标预测值的精度和准确度非常可靠。

绝对量信号指的是 NMR 波谱信号是一个绝对值，和其他分析技术不同，NMR 信号不需要参比和归零，这消除了空白样品的影响，提高了精确度。

除此之外，NMR 技术是电磁技术，分析结果不受光学特性的影响。

离线核磁共振分析在石油化工行业应用具有的优势：

（1）测量速度快

用户可以根据实际情况自己定义扫描周期，最快为每 1min 进行一次样品扫描。扫描得到的 FID 信号经过信号处理软件预处理，再通过校准模型，马上得到所需测量参数。

（2）测量物料多

离线核磁共振分析系统，操作简单，分析时间短，用户可以根据需要在短时间内对装置的关键物料进行分析。可以对石化企业的主要及核心装置(如常减压装置、原油罐区、催化裂化装置、加氢精制装置、加氢裂化装置、连续重整装置、焦化装置和渣油加氢装置等)的原油、汽油、石脑油、煤油、柴油、蜡油及渣等进行快速分析。同时，也可以对原油罐区的原油进行原油快评及离线调和。

(3）测量参数多

离线核磁共振分析系统通过扫描介质中氢原子的核磁共振信号，得到样品的全息频谱图，然后通过校准模型的读谱、解谱分析得到用户所关心的最终参数，具体测量参数的内容和数目可以通过建立相应的校准模型来确定。

（4）预处理简单

离线核磁共振分析系统是基于电磁技术，而不是光学技术，因此测量样品的黏稠度、纯度、颜色以及是否含水都不会影响测量精度。对样品只需进行简单的过滤和保温处理就可以直接进行测量，同时，所需的样品量较少，既减少油品浪费也减少对环境的影响。

（5）系统免维护

离线核磁共振分析系统不受样品温度的影响，无任何移动部件，硬件设计可靠合理；同时配有功能完善的软件系统，整个系统的故障率极低，能长期稳定可靠运行，系统具有免维护的特点。

（6）模型可靠

由于NMR频谱图和测量参数之间是线性关系，因此建立的线性校准模型的精度和可靠性好，同时建模所需的样品数量大大少于其他一些测量方法。

（7）适用范围广

离线核磁共振分析系统的核磁共振的测量原理从根本上避免了其他分析方法的局限，如有些分析方法只能用于洁净稀物料（如汽油等）。离线核磁共振分析系统不仅可用于洁净的汽油、柴油等分析，更可以对装置中黏稠的、颜色较深的、含水的等物料(如催化、常减压等装置的原料油)进行准确地分析。

三、在线核磁共振分析系统

在线核磁分析仪专门用于连续检测分析工艺介质的组成。使用NMR分析技术，能检测工艺物料中化学组分的存在、组成和浓度，结合相应的软件，能为生产操作单元装置提供闭环监督控制，应用范围广。

（一）在线核磁共振分析系统组成

NMR在线分析项目主要包括NMR在线分析仪、预处理系统、分析小屋、建模软件等部分。在线核磁分析的流程图如图3-3所示。

图3-3 核磁共振分析流程图

1. 在线核磁分析仪

在线核磁共振分析仪器设计用于连续分析样品处理系统中的液体样品,给出样品的物性数据。在线核磁共振分析仪器按照石化企业最高的安全要求进行组装,由于系统外部的边缘磁场强度非常小,它可以安全地安装在一个狭小的空间。系统中射频(RF)的集成屏蔽,则省去了传统核磁共振系统所需要配备的专用屏蔽房。

分析仪器包括:单通道 NMR 主分析仪器、工业 PC 机、通讯软件和用户界面软件包。

分析仪器装在一个防护标准为 NEMA4/IP56 的封套内,系统设计防爆应用级别是:Zone 2 G ⅡA、ⅡB、ⅡC 区域,如图 3-4 所示。

图 3-4 在线 NMR 分析仪

在线核磁分析系统标准配置的技术参数见表 3-3~表 3-8。

表 3-3 系统标准性能参数

观察核	H^1
工作频率	(60±0.5)MHz
NMR 探头	环境温度探头,8mm(可到 10mm)环境温度探头
工作环境温度	带空调,20~30℃,允许温度波动<5℃
环境湿度	小于 70%
质子分辨率	未匀场:半峰高小于 500Hz,10%峰高小于 1000Hz 匀场:半峰高小于 6Hz,10%峰高小于 24Hz
质子线形	C_{13}卫星峰平均峰高线宽(0.55%):<80Hz
质子灵敏度	一次脉冲足够观察 10%乙苯四重峰的最大峰信号,信噪比 25∶1,1 次脉冲数据采集
质子信号平均	16 次脉冲数据采集,足够观察 10%乙苯四重峰的最大峰信号,平均信噪比 125∶1
脉冲宽度	7W 射频功率,发射翻转角度 90 的脉冲宽度,小于 30μs
积分比例	体积浓度 10%的乙苯溶液,在 NMR 波谱中的三个基团 准确度:乙苯两个基团之间比例的平均值(苯环对 CH_2+CH_3)是 1∶(1±0.05) 精度:连续十次的积分标准偏差不超过 0.01

表 3-4 磁体系统

项目	描述
系统	稳定自压缩场永久磁体,包括计算机控制磁场匀场线圈
磁场强度	45℃,1.42T
边缘场强	磁体外壳场强小于 1Gs(1Gs=10^{-4}T)
净腔径	直径 30mm

表 3-5 特征

项目	描述	项目	描述
检测方法	核磁共振波谱	浸润材料	陶瓷管
测量方法	化学计量学	通讯	Modbus RS485，TCP/IP
样品处理	取决于具体应用		

表 3-6 物理尺寸和重量

项目	规格	项目	规格
尺寸	系统柜 2000mm×940mm×770mm	能耗	20kW，三项四线制，380V
重量	650kg		

表 3-7 运行环境条件

项目	规格	项目	规格
运行条件	20~30℃，温度波动幅度小于5℃	相对湿度	30%~70%（无凝结）

表 3-8 存储条件

项目	规格	项目	规格
存储温度	0~55℃	相对温度	最大95%，无凝结

（1）磁体系统

磁体（和磁体外壳）含一个输送样品的探头或者核磁管通过整个磁体。

加热器和匀场控制单元，控制磁体和磁体外壳的温度，控制磁体内20多对匀场线圈的电流供给。控制磁体隔断的温度控制系统由温度控制器和传感器RTD组成。

磁体是永久磁体，由多片钕硼铁加工制成，如图3-5所示。由于它的场强质量比非常大，用一小块紧凑包装的磁铁，就能够达到预期的磁通密度。磁体由多个片断粘结在一起，组装工艺非常复杂，先制造成磁体，然后组装成基本组件。

在初始安装磁极片，机械对齐各个面以获得最佳的位置过程中，通常会进行手动匀场操作。手动匀场操作是通过调节磁体壳体外部两端的多个微调螺丝实现的，只有磁体被移动之后，才需要做手动匀场。

（2）样品分析探头

样品探头能保证测试样品管插入匀场线圈之间的磁体模块，也能保证流通样品管插

图 3-5 在线 NMR 磁体

入,对流体进行连续测量。

样品探头安装在永磁铁内部磁极间的气隙。探头本身是用纯陶瓷管或石英管做成的,插入到通过磁体极片之间空隙中心匀场线圈盒上的通道。样品管的内径是 6~8mm。

永久磁体的恒定磁场垂直于缠绕在样品探头上 RF 线圈的轴线,发射到线圈上的 RF 脉冲产生一个脉冲磁场,脉冲磁场的方向垂直于永久磁体的恒定磁场。

(3) 加热和匀场控制器

加热-匀场控制器控制磁体和磁体外壳的温度,其控制器面板如图 3-6 所示。磁体的温度设定在 44℃,磁体外壳的温度维持在 37℃。

通过运行"加热控制"软件,跟踪和显示这些回路的运作。此外,加热-匀场控制器面板控制所有匀场线圈的电流,通过 USB 通信线与 PC 通信。

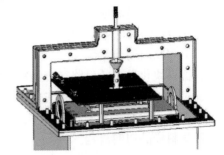

图 3-6 加热-匀场控制器面板

软件通过控制施加到每个线圈的实际电流,提高了磁体在各个方向的均匀性。

仪表 PC 机(和远程 PC 机)到控制室的通信是 RS485/Modbus,Ethernet/Modbus 或者 TCP/IP。

在线 NMR 分析仪器和远程计算机之间的通信是以太网。

系统通过 PLC,从分析仪器接收内部的所有输入输出信号。

NMR 分析仪器安装在防护标准为 NEMA4/IP 56 的机柜内,柜底离地高约 50mm,同机柜主体焊在一起,成为一个独立式机柜。

机柜由不锈钢或者镀锌钢制成,所有接缝被连续焊成一块,表面打磨光滑。机柜门铰接安装,可以无障碍地访问系统任何组件。机柜各个面的不锈钢螺丝和夹板保证密封性。系统的防爆设计标准是 ATEX 2 区 G ⅡA、ⅡB、ⅡC 正压防爆。

装置样品通过样品阀流入和流出分析仪器。样品阀的目的,就是对样品进行分析时,使样品静止在样品管内。样品阀安装在机柜的一侧,机柜另一侧还装有放空阀和冲洗阀,便于定期清洗流样管线磁体探头。

2. 预处理系统

预处理系统由样品多物料切换系统和样品处理系统两部分组成。主要目的是自动切换多路物料,并使分析的样品满足进入核磁在线分析仪的温度、压力等条件。

预处理系统具体要求如下：

① 物料进料的流量由质量流量控制器控制，以保证流量在 100L/h 附近（稳定性±10%）。

② 预处理自带反冲洗过滤器（精度 100μm）。

③ 压力不超过 2.5MPa。

④ 保持输送至仪表的样品流温度稳定在某一指定温度（根据物料性质及实际情况选择一个合适温度点）。

⑤ 需要从分析小屋外引入蒸汽伴热，确保各路物料不凝线。

(1) 多物料切换系统

根据模块化设计的思路，多物料切换系统以 3 路进料为 1 个物料切换单元，可以通过增加物料切换单元来实现 3 路甚至 6 路等多路进料的预处理；物料的过滤也将在物料切换系统实现。物料之间的切换，由 PLC 程序自动控制。图 3-7 为三股物料样品切换流程。

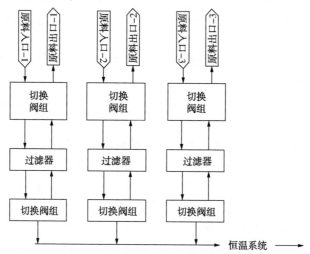

图 3-7　三股物料样品切换流程

(2) 样品处理系统

系统设计时，会根据样品温度变化情况和成本考虑，选择合适材质，控制好进系统的样品温度变化范围，由样品处理系统内冷却器和加热器相结合，将样品温度控制在指定温度点，同时按程序设置，控制好流量，如图 3-8 所示。

3. 分析小屋

为确保在线分析仪的长期、稳定、有效的运行，在线分析仪及配套的预处理系统需要安放在分析小屋内，分析小屋具有防雨、防尘、保温等功能，设计选材及规格要求：

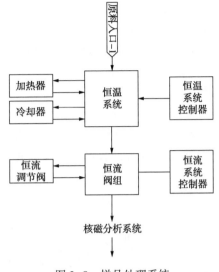

图 3-8　样品处理系统

① 小屋采用钢框架结构，双层墙夹层设计，内外墙及屋顶为钢板拼装结构，机械强度应满足起吊、拖动、运输及支撑墙面安装设备的要求。

② 小屋防火、防雨、防尘、隔热，外壳防护等级为 IP54。按《爆炸和火灾危险环境电力装置设计规范》（GB 50058—2014）和《爆炸性气体环境用电气设备第 14 部分：危险场所分类》（GB 3836.14—2000）将分析小屋外认定为 2 区。

③ 分析小屋内设置可燃性气体报警器、硫化氢报警仪、氧含量报警仪，以及分析小屋外置旋转式闪光报警灯、照明开关、复位开关、启动排风机开关。

4. 建模软件

建模软件主要是将样品的物性实际分析数据与核磁谱图进行关联，找出二者之间的对应关系，从而建立相应物性的分析模型，并对新生产的样品核磁谱图进行预测，计算出样品的物性数值。同时，建模软件还具有数据传输的功能。

在正常操作期间，软件会从分析仪上收集相应的光谱文件，并对新谱图进行预测，而后通过 Modbus 将结果传送到 DCS。

实验室分析得到的数据可加载到建模软件中，用户可以定期将实验室分析数据与核磁分析数据进行比较，验证模型的准确性，并根据实际情况，选择性地对模型进行优化和更新。一旦新模型生成，便可用于预测下一个谱图。

建模软件具有的特点：

① 不需要用户的干预。

② 简单的模型维护：将实验室分析数据导入后模型能够自动建立和更新。

③ 对样品性质的变化做出快速和及时的反应。

④ 避免由于模型频繁维护而造成的过拟合现象。
⑤ 可对自动模型和传统模型的预测结果进行比较。
⑥ 建模软件可以展示出模型所预测的数值及其马氏距离值。

建模软件的工作流程如图 3-9 所示。所需分析的物料，一方面可从工艺管路自动流入在线核磁分析系统，分析得到核磁谱图后自动传入建模软件中；另一方面可直接从装置进行取样，在实验室进行离线分析，得到的分析数据传输至建模软件中。用户可以利用实验室分析数据，对各物料物性分析模型进行建立和验证，确认分析数据准确性达到要求后，可直接通过网络通讯传输至 DCS 系统。

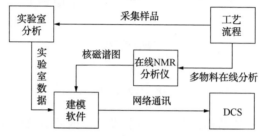

图 3-9　建模软件的工作过程

每一性质都需定义一下参数：
① 名称：一个特定的物性名称。
② 物料：定义每种性质属于哪种物料。
③ 模型：如果使用自动建模功能，需要选择"自动建模"；否则，需要从文件夹中手动选择一个分析模型，各物性模型将会从磁盘中自动加载。
④ 时间储存地址：定义当一个新谱图进行预测后，其预测的时间所存储的地址(网络通讯地址)。
⑤ 数据储存地址：定义当一个新谱图进行预测后，其预测的具体数值所存储的地址(网络通讯地址)。
⑥ 马氏距离值存储地址：定义当一个新谱图进行预测后，其预测的具体数值所存储的地址(网络通讯地址)。
⑦ 实验室分析时间储存地址：定义实验室分析数据的时间存储地址(网络通讯地址)。
⑧ 实验室数据储存地址：定义实验室分析数据的具体数值存储地址(网络通讯地址)。

当所有性质的参数设置完成后，保存设置。

导入数据用于将固定格式的数据文件加载到数据库。可以选择直接导入数据文件或导入存储数据的文件夹，将需要的所有数据文件导入到数据库中。

使用谱图查看功能查询所导入的谱图文件。

在主应用程序屏幕上，可以选择想要查看的物料，相应的谱图便会显示在屏幕上。选择谱图时间，便可查看所对应的核磁谱图。如果已经建立模型，则可以选择各物性来查看每一谱图所对应的预测结果，其具体的预测数值将会显示在谱图的旁边。

实验室值可以通过网络通信形式或手动加载到软件的数据库中。手动输入时，需要确保输入正确的时间格式。如果数据存储在 Excel 表格中，可将数据进行复制，而后粘贴到表格中。输入完成后，保存数据。

建模过程主要是在迭代次数和最大影响因子数的限制下，运行一个合适的算法来确定一个最佳的模型。建模过程为人为点击建模，系统自动进行建模，减少人工干预，数据结果准确。建模过程完成之后，就会创建一个新的模型文件并保存到磁盘，并且该模型将用于新核磁谱图的预测。

建模初期，需用户提供一定数量的样品及对应的实验室分析数据，用于初始模型的建立，后期根据装置物料性质变化情况及模型运行情况，适当扩充建模所需样品及实验分析数据，优化模型。

（二）在线核磁共振分析系统特点

NMR 在线分析系统从原理上避免了一些其他分析方法的局限性，它不仅可在线分析汽油、柴油、煤油等干净物料，也可以在线分析装置中黏稠的、颜色深的物料（如催化裂化原料油和原油等）以及原油调和等。

核磁共振在线分析技术与其他在线分析技术应用比较，具有明显的先进性，主要体现在：

① NMR 在线分析技术是一种电磁技术，采用电磁扫描，不需移动设备的核心部件，系统维护工作量小、投用率高。特征峰的信号强度与样品结构的相对含量成一一对应关系，波谱本身即能够反映出样品的物性，建立在这种波谱基础上的模型适应性好。

② NMR 分析仪器能够测量颜色较深、不透光的液体物料，样品可以在不受到任何改变和损失的条件下，返回工艺装置。样品对分析系统的分析器件没有污染，不需要频繁维护分析器件。

③ NMR 在线分析可以实时、连续地进行分析。分析速度快，仅使用一台设备就可以对一个样品进行多种参数分析，单台仪器可顺序分析多个物料，测量样品的多种关键属性。NMR 分析系统可在 20ms 内完成对样品的一次扫描。根据样品特性，完成一个样品分析的时间为 1~2min。系统的默认配置上，有 6 个样品通道，可顺序完成 6 个样品物料的分析。

④ NMR 分析系统可以对系统本身的工作状态和系统的分析结果进行自动的诊断和跟踪。系统配置有自身的工作状态跟踪软件，可在系统工作时全面同步检测系统的工作性能。模型有聚类分析功能，能够自动地向用户报告和反映其分析结果的准确性。

⑤ 系统使用中高场永久磁体，无边缘磁场干扰，可长期稳定工作；分辨率高，工作频率可达 60MHz。可以自动补偿控制确保测量过程中磁场均匀。

⑥ 可以实现本地及远程展示、操作和监控。

第三节 石油化工核磁共振技术应用场景

一、离线核磁共振分析系统应用

离线核磁共振分析系统应用主要分为原油和其他馏分油方面的应用[3]。

（一）原油快评数据应用

快速智能分析原油，出具原油 24 个主要物性的简评报告，这是原油全评报告的基础数据。

通过离线核磁分析得到原油的 24 个基础数据，包括 API 度、酸值、碳含量、氢含量、硫含量、氮含量、水含量、残炭、凝点、胶质、沥青质、金属镍和钒，可以替代 12 种常规分析设备；最为重要的是可以检测原油 11 个馏分段的质量收率，形成原油的实沸点收率曲线，为生产计划的制定和调整提供依据。

在原料油快评系统的数据管理功能中可以查看根据原油详评历史数据库计算得到的原油详评拟合数据，按照常规原油详评报告的技术要求，显示各个馏分段油品的详细性质。

原油详评报告可以一键导出，分别可以得到 RSIM、PIMS、ORION 等优化软件所需的原油数据文件。

1. 原油快评数据在全流程优化中的应用

原油快评测得 24 个基础数据，据此生成 160 余个包含馏分油性质的原油详评报告；根据当前 RSIM 软件的使用需要，又细分为 14 个馏分段、原油轻端和重整原料的 PONA 组成，转化成 400 余个数据。

为了验证以上过程中所用算法的准确性，需要与实验获得的原油评价

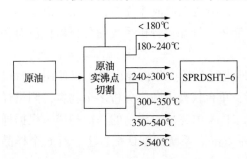

图 3-10 原油实沸点切割模型

数据进行对比验证。

为此，在 RSIM 软件中，导入所需的 RSIM 原油数据文件，并生成原油物料，用 RSIM 模型模拟实沸点切割过程，获得馏分油的性质。图 3-10 为某石化厂的原油实沸点切割模型。

通过原油数据库数据计算得到原油馏分油性质，与实测数据相比误差较小，可以用于装置应用。

2. 原油快评数据在常减压装置的应用

(1) 提前预测装置原油加工性质

通过原料油快评系统对原油进行快评分析；并生成快评日报，汇报近期原油性质变化，预测当日常减压装置进料性质，为生产优化提供原油信息。

原油日报内容主要包括昨日原油末站原油性质、罐区原油性质和七日原油性质变化趋势图，以及加氢原料（柴油）、催化和加氢裂化原料等其他侧线的快评数据。原油日报可以根据客户的不同要求进行自定义设置，满足不同客户的需求，图 3-11 为某石化厂的原油日报模板。

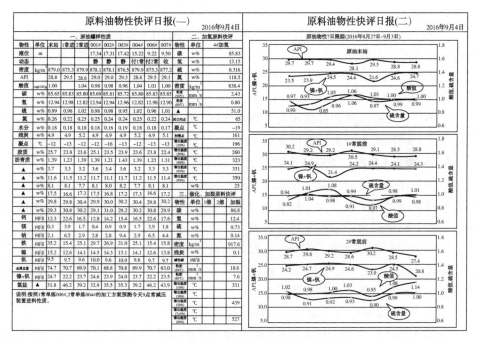

图 3-11 原油日报

根据全流程优化的要求，对性质差别较大的原油实施分储分炼，按照渣油收率高、金属含量高的原油去一套常减压装置的要求，选择合适的罐区原油，预测当日另一套常减压进料的性质，实现原油资源的最佳利用。

(2) 利用 RSIM 模型预测常减压装置产品收率

原油快评数据在装置应用的方式有很多，从生产调度的需求出发，着重考察以 RSIM 模型为平台，根据原油快评数据预测装置收率，做好全厂生产中蜡渣油平衡的可行性分析。采用一段时间内加工原油的罐样性质作为常减压装置原料性质，导入常减压装置的 RSIM 模型，计算得到装置的产品收率，并与当日装置 MES 收率数据对比。

通过 RSIM 模型的预测，原油快评数据可以用于常减压装置产品收率预测，能够把原油快评原始数据转化为实际的蜡、渣油收率数据，为生产调度提供依据。

(3) 在原油日报中预测常减压产品收率

利用快评数据预测常减压装置产品收率是切实可行的，在此基础上存在进一步提升原油日报功能的需要。

参考 PIMS 软件的产品收率计算方法，在 EXCEL 中设置侧线产品切割点，计算常减压装置产品收率。

具体步骤：

① 根据前 30 日原油快评数据，参考常减压装置 MES 数据，确定切割点，计算常减压装置产品收率。

② 预测每罐原油进常减压装置加工后的产品收率。

③ 预测罐区库存原油加工后的产品分布。

原油快评日报从预测常减压装置进料性质，还可以预测常减压装置加工后的产品收率，功能更为完善，更加贴近生产需求。

3. 原油快评数据在 RSIM 全流程优化中的应用

原油快评系统应用以前，在原油采购、运输和加工的过程中对不同批次、不同来源的原油差别了解甚少，特别是与制定加工计划密切相关的实沸点收率数据无法得到，只能通过原油密度进行猜测。

原油快评系统的投用，改变了对原油的认知方式，以下通过 API 度和残炭值 2 项数据探讨原油快评带来的变化和机会，并以 RSIM 全厂模型为基础，研究原油性质变化对全流程效益的具体影响。

(1) 利用渣油收率直观地判断原油的轻重

原油 API 度反映原油密度的大小，是原油采购过程中判断原油轻重的重要数据。该方法有一定的局限性，事实上 API 度相近的原油，渣油收率并不一定相同。

根据原料油快评系统里的原油数据库整理得到 API 度与渣油收率（555℃）的对比数据，表明通过 API 度推算渣油收率高低的办法有局限性。

应用原料油快评技术后，可以通过渣油收率直观地判断原油的轻重，了解原料变化对产品结构的影响。

模拟案例一：

以某石化厂的数据为例，在 RSIM 模型中，改变原油性质，使得渣油收率降低 1%，模拟渣油收率变化对全厂效益的影响。

由于渣油减少、蜡油增加，使得催化进料增加、焦化进料减少，增产了催化汽油，减产了石油焦，使得全厂效益增加 2371 万元/a，见表 3-9。

表 3-9 渣油收率对全厂效益的影响

产品	增量/(t/h)	不含税价/(元/t)	增利/(万元/a)
汽油			
90#汽油	0.000	2923.39	0.0
93#汽油	1.902	3240.49	6162.3
97#汽油	0.000	3557.58	0.0
柴油			
普柴	−0.753	2543.39	−1914.5
−10#普柴	0.000	2791.25	0.0
0#车用柴油(Ⅳ)	−0.064	2859.63	−181.8
0#车用柴油(Ⅴ)	0.000	2953.64	0.0
军柴	0.000	2956.21	0.0
煤油			
航空煤油	0.023	2988.89	67.9
石脑油(乙烯料)	−0.515	2666.67	−1374.6
苯类			
苯	0.011	4026.00	44.4
二甲苯	−0.025	4273.00	−107.8
沥青			
沥青	0.663	945.30	626.7
液化气			
民用液化气	0.037	2561.95	94.2
工业液化气	0.000	2802.65	0.0
聚丙烯			

续表

产品	增量/(t/h)	不含税价/(元/t)	增利/(万元/a)
聚丙烯	-0.011	6648.21	-72.4
其他产品			
商品干气	-0.199	2036.28	-404.5
芳烃抽余油	0.000	3557.58	0.0
石油焦	-1.308	690.60	-903.3
硫黄	0.009	514.53	4.7
戊烷油发泡剂	0.003	2478.63	8.1
液氨	0.003	982.91	3.3
氢气剩余量	0.013	2036.28	25.6
丙烷	0.064	2802.65	180.4
催化烧焦	0.163	690.60	112.4
合计			2371.1

(2)原油残炭值成为制定原油加工路线的关键参数

原油快评带来的另一个显著变化是原油残炭数据的获得,为合理安排原油加工路线,实现不同品质原油"分储分炼"提供了依据。

以某石化厂为例,在该厂当前的加工流程下,1#常减压装置保持在14kt/d大负荷生产,2#常减压装置维持在8.5kt/d的低负荷下生产,为渣油加氢和加氢裂化装置提供原料。

由于催化装置烧焦能力的不足,使得渣油加氢装置必须控制进料残炭在9.0%~9.5%范围内以保证供给催化装置的加氢重油残炭值不超标。数据分析表明,2#常减压装置的减压渣油是渣油加氢装置进料残炭的主要来源,约占80%,见表3-10。

表3-10 渣油加氢进料中的残炭来源分析

项目	流量/(t/h)	残炭比例/%	残炭量/(t/h)	残炭来源比例/%
2#常减压渣油	116.34	14.30	16.64	79.15
1#常减四线	19.98	11.64	2.33	11.07
脱沥青油	27.24	6.86	1.87	8.89
1#常蜡油	25.76	0.58	0.15	0.71
焦化蜡油	19.22	0.15	0.03	0.14
催化柴油	12.10	0.08	0.01	0.05
合计	220.64	9.53	21.02	100.00

当原油中的残炭由 4.6% 升高到 4.8% 时，渣油加氢装置进料残炭由 9.12% 提高到 9.53%，达到了工艺卡片设定的上限值，需要外甩渣油降低混合进料残炭。由于 2#常减压装置未采用减压深拔，渣油中所含蜡油组分较多，进入焦化装置处理会造成全厂效益的流失。

在原油优化的过程中，根据原油残炭的高低可以预先调整罐区原油的加工路线，做好重油的平衡。

(3) 以 RSIM 模型为基础制定罐区原油加工计划

目前，大多数石化企业以 PIMS 计划为依据制定的原油加工 7 日计划，与实际到厂原油性质有一定的差异，缺乏对所加工原油重油平衡的准确预测。

在原油快评系统的帮助下，管输原油一到厂，其加工后的常减压装置产品收率就被预测出来，相应的罐区库存原油加工后可以获得的蜡油、渣油数量也就确定了。假设库存原油为 130kt，按照 22kt/d 的加工负荷计算，可以对未来一周内的原油加工流程进行预判，合理安排二次装置的加工负荷，做好全厂加工流程的重油平衡。

具体实施步骤：

① 根据上月生产统计数据确定各生产装置加工负荷和产品收率。
② 根据上月生产统计数据调整 RSIM 全厂模型。
③ 根据本周生产经营优化例会纪要的要求调整各装置的加工计划。
④ 依据 RSIM 模型计算得到加工计划改变后二次装置的产品收率数据。
⑤ 制定罐区原油加工流程表，计算罐区原油性质变化对全厂产品收率、重油平衡情况的影响。

(二) 馏分油快评数据在装置中的应用

离线核磁共振分析系统快速智能分析柴油加氢原料、催化裂化原料、加氢裂化原料等多股物料，直接指导装置生产。

1. 加氢裂化原料快评数据在装置优化中的应用

离线核磁共振分析系统可以快速测得加氢裂化装置原料及侧线的碳氢含量、馏程、密度、硫含量、氮含量、残炭和黏度等物性，见表 3-11。

表 3-11 加氢裂化装置物料的快评分析物性

物料	分析项目
原料油	碳、氢、硫、氮、密度(20℃)、残炭、黏度(50℃)、黏度(80℃)、馏程(10%)、馏程(50%)、馏程(90%)等
重石脑油	初馏点、馏程(10%)、馏程(50%)、馏程(90%)、终馏点、碳、氢、硫、氮、PONA 等

续表

物料	分析项目
航煤	初馏点、馏程(10%)、馏程(20%)、馏程(50%)、馏程(90%)、终馏点、硫、氮、黏度(20℃)、闪点、密度、水、烟点、冰点等
柴油	初馏点、馏程(10%)、馏程(50%)、馏程(90%)、馏程(95%)、硫、氮、闪点、凝点、密度、水等
尾油	密度、馏程(10%)、馏程(50%)、馏程(90%)、终馏点、硫、氮、残炭、凝点等

利用快评数据，通过加氢裂化装置的 RSIM 模型，可以针对原料性质的不同，计算达到目标产品收率时的产品分布和反应条件。

以某石化厂为例，针对某日的加裂原料快评数据，计算重石脑油产量从 69.3t/h 降低到 53t/h 的装置产品分布和反应条件。调整前后产品分布数据对比见表 3-12。

表 3-12 加氢裂化调整前后产品分布对比

项目	调整前	调整后
原料		
新氢/(t/h)	6.9	6.6
渣加低分气/(t/h)	1	1
混合进料/(t/h)	254.1	254.1
合计/(t/h)	262	261.7
产品		
高分排放气/(t/h)	0.5	0.4
加裂低分气/(t/h)	2.5	2.1
干气/(t/h)	4.6	3.7
液化气/(t/h)	6.4	5.3
硫化氢/(t/h)	0.9	0.9
轻石脑油/(t/h)	6.4	4.5
重石脑油/(t/h)	69.3	53
航煤/(t/h)	39.7	35.9
柴油/(t/h)	83.9	89.4
尾油/(t/h)	45.9	64.6
氨和硫化氢/(t/h)	1.8	1.8
合计/(t/h)	262	261.7

RSIM 模型计算的调整前后反应条件对比，见表 3-13。

表 3-13 加氢裂化调整前后反应条件对比

项目	调整前	调整后
反应器 R101		
一床层入口温度/℃	346.6	346.5
一床层出口温度/℃	380.7	380.6
冷氢量/(m³/h)	24.8	25.0
二床层入口温度/℃	371.9	371.8
二床层出口温度/℃	390.3	390.3
冷氢量/(m³/h)	21.3	21.5
三床层入口温度/℃	382.7	382.6
三床层出口温度/℃	400.0	400.0
反应器 R102		
冷氢量/(m³/h)	7.1	17.9
一床层入口温度/℃	397.4	393.6
一床层出口温度/℃	407.4	403.4
冷氢量/(m³/h)	33.8	34.6
二床层入口温度/℃	395.2	391.4
二床层出口温度/℃	409.3	405.1
冷氢量/(m³/h)	41.8	42.2
三床层入口温度/℃	394.8	391.0
三床层出口温度/℃	409.8	405.2
冷氢量/(m³/h)	35.2	33.9
四床层入口温度/℃	398.0	394.2
四床层出口温度/℃	408.5	404.2

2. 催化裂化装置快评数据在装置优化中的应用

离线核磁共振分析系统可以快速测得催化原料及产品的碳氢含量、馏程、密度、硫含量、氮含量、残炭和黏度等物性。具体物性见表 3-14。

表 3-14 催化裂化装置物料的快评分析物性

物料	分析项目
原料油	碳、氢、硫、氮、密度(20℃)、碱性氮、残炭、黏度(50℃)、黏度(80℃)、馏程(10%)、馏程(30%)、馏程(50%)、馏程(70%)等
稳定汽油	初馏点、馏程(10%)、馏程(50%)、馏程(90%)、终馏点、密度、硫、辛烷值 RON、烯烃、酸度、胶质等
轻柴油	初馏点、馏程(10%)、馏程(50%)、馏程(90%)、馏程(95%)、终馏点、密度、硫、黏度(20℃)、凝点、闪点、酸度、胶质等
油浆	密度、黏度、四组分等

根据催化原料快评分析数据，采用 RSIM 模型计算不同原料性质下，汽油收率与反应温度的关系，如图 3-12 所示。

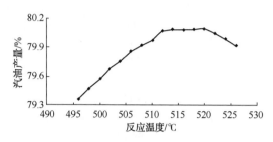

图 3-12　催化裂化反应温度与汽油收率关系

RSIM 模型计算结果表明，同样的操作条件下，原料性质不同所能获得的最大汽油收率也不相同，存在优化操作的空间。因此依据催化原料快评数据，通过调整反应进料的性质，可以达到增产汽油的目的。

3. 柴油馏分快评数据在装置优化中的应用

柴油馏分快评数据主要适用于直馏柴油组分的快速分析，应用于加氢精制装置上的相关优化应用。见表 3-15。

表 3-15　加氢精制装置物料的快评分析物性

物料	分析项目
原料油	碳、氢、硫、氮、密度(20℃)、残炭、馏程(10%)、馏程(30%)、馏程(50%)、馏程(90%)、馏程(95%)、终馏点等
石脑油	初馏点、馏程(10%)、馏程(50%)、馏程(90%)、终馏点、密度、氮、硫、组成、溴价、胶质等
精制柴油	初馏点、馏程(10%)、馏程(50%)、馏程(90%)、馏程(95%)、终馏点、密度、硫、凝点、闪点、酸度、十六烷值等

原料油快评分析系统能够获得柴油加氢模型所需的基础数据，满足 RSIM 模型的应用需求。

4. 快评数据的其他应用

(1) 原油镍钒模型的应用

原油中镍、钒含量数据的准确掌握，在炼化企业二次装置的生产中有着非常重要的意义，为保证下游装置的安稳长满优生产有着积极作用。原油中的金属（镍钒）NMR 分析，在国内外并无可借鉴的案例，镍钒模型通过多次验证，金属模型的数据在允许误差范围之内。

(2) 柴油十六烷值和汽油辛烷值模型的应用

核磁技术分析检测柴油十六烷值和汽油的辛烷值在全球范围内属首次运用。实验室分析方法中测定柴油十六烷值和汽油辛烷值比较耗时，而用核磁共振法仅需 10min，同时减轻分析检测人员的劳动强度，核磁检测为样品无损检测，降低了检测费用，保护了环境。

(3) 重油四组分模型的应用

重油的四组分一直是实验室分析的难点。由于油品较重，实验室分析时，会加入一些溶剂进行分离，这些溶剂往往有毒，对身体有较大的影响。采用核磁分析仪对重油四组分进行快速分析，快速便捷，环保，对人体无任何影响。

5. 离线核磁共振分析系统应用小结

① 原油快评系统可以快速了解原(料)油及各类馏分油性质，及时为生产运行管理提供基础数据支撑和优化加工方案建议，提升基于 PIMS、RSIM、SMES 全流程一体化优化的准确性和敏捷性。

② 由于原油快评技术的先进性，使得石化厂的管理者能够迅速掌握原油的关键性质变化，如渣油收率、原油残炭等，预先合理安排原油加工路线，实现原油资源的合理利用。

③ 从快评数据外推得到的详评数据对 RSIM 全流程优化模型具有实用性。

④ 通过对馏分油的快评分析，可以获得加氢裂化原料、催化原料和柴油加氢装置原料的性质，为 RSIM 模型的应用提供数据支持。

二、在线核磁共振分析系统应用

核磁共振在线分析系统在石油化工领域具有十分广泛的应用价值，尤其是在原油在线调和、常减压装置的先进控制及实时优化[4]、乙烯裂解的原料分析[5]、催化装置的原料和产品分析[6]以及油品调和等领域有着明显优势。

(一) 在常减压装置上的应用

1. 常减压装置简介

常减压蒸馏装置可从原油中分离出各种沸点范围的产品和二次加工的原料。

常减压蒸馏装置是原油加工的第一道工序，它一般包括电脱盐、常压蒸馏和减压蒸馏三部分。

常压蒸馏一般可以切割出重整原料、煤油(溶剂油或航煤原料)、轻柴油(军柴原料)、重柴油等产品；在减压蒸馏中可以切割出几个润滑油馏分或催化裂化或加氢裂化原料。剩下的减压渣油根据生产总流程的安排可有不同用途，如用做溶剂脱沥青原料、焦化或减黏裂化原料，或直接出厂做燃料油或做生产沥青的原料。

根据目的产品的不同，常减压蒸馏装置可分为燃料型、燃料-润滑油型和燃料-化工型三种类型。这三者在工艺过程上并无本质区别,只是在侧线数目和分馏精度上有些差异。燃料-润滑油型常减压蒸馏装置因侧线数目多且产品都需要汽提,流程比较复杂;而燃料型、燃料-化工型则较简单。

2. 常减压装置应用方案

在线核磁分析系统可对常减压装置的原料及各侧线产品进行实时分析监测,分析数据实时上传至 DCS,数据实时更新,供 RTO/APC 应用,指导装置生产。

在线 NMR 分析系统由在线采样系统、样品自动预处理系统、核磁共振在线分析设备(NMR)等部分组成。而以核磁共振在线分析技术(NMR)为核心的一体化解决方案的特点在于:自动取样、样品自动处理、自动分析、分析后样品自动返回、分析数据上传至 DCS。一体化解决方案的运维工作量极小。原油在线分析系统基本实现了全程无人参与,智能分析和智能应用的业务需求目标。

NMR 在线分析仪是贯通 APC-DCS-生产装置-下游生产装置-全厂优化,实现全厂一体化优化的核心组成部分。NMR 在线分析数据直接上传至 DCS,指导 DCS/APC 装置调整生产,形成闭环,为全厂生产计划及调度提供有力支撑。

在线核磁共振分析系统应用于常减压装置,可以在线分析多股物料,具体为:常减压装置脱前/脱后原油、初顶石脑油、常顶石脑油、常一线、常二线、常三线、减一线、减二线、减三线、减四线,具体物料以生产需求为主。在线核磁共振分析系统最多可分析六股物料,分析频次可根据需求进行自定义,同时也可以二股物料使用一个通道进行切换,这样就可以分析多于六股以上的物料,如图 3-13 所示。

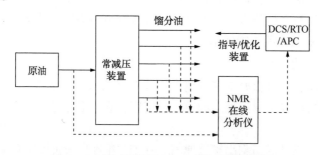

图 3-13 常减压装置 NMR 在线分析示意图

常减压装置 NMR 在线进行物性快评分析,得到 NMR 图谱,建模软件对 NMR 图谱进行解析,解析模型与物性分析一一对应,可建立原油及其他侧线油的物性分析模型,见表 3-16。

表 3-16　常减压装置在线核磁分析物性

物料	物性
原油	API 度、密度、酸值、总碳、总氢、总硫、总氮、水分、凝点、残炭、胶质、沥青质、镍、钒、各段馏程收率等
初顶油	碳含量、氢含量、PONA、密度、各馏出段温度等
常顶油	碳含量、氢含量、PONA、密度、各馏出段温度等
常一线油	碳含量、氢含量、密度、闪点、各馏出段温度等
常二线油	碳含量、氢含量、密度、硫、各馏出段温度等
常三线油	碳含量、氢含量、硫含量、氮含量、密度、闪点、十六烷值、各馏出段温度等
减一线油	碳含量、氢含量、密度、闪点、酸度、黏度、残炭、凝点、硫、各馏出段温度等
减二线油	碳含量、氢含量、密度、残炭、硫、镍、钒、四组分、黏度、凝点、各馏出段温度等
减三线油	碳含量、氢含量、硫含量、氮含量、密度、残炭、碱性氮、各馏出段温度等
减四线油	碳含量、氢含量、硫含量、氮含量、密度、残炭、黏度、凝点、四组分、各馏出段温度等

核磁共振在线分析流程为：六股物料经装置物料引出点引出，进入六路物料切换系统，即快速回路，物料当即循环返回至各物料返回点。当分析样品时，NMR 仪器通过对需要分析的全部物料，按照特定的分析程序，将物料从快速回路中顺序调入核磁分析仪，进行在线分析。分析结果上传至 DCS。具体物料分析流程如图 3-14 所示。

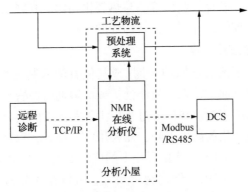

图 3-14　核磁共振在线分析流程

在线核磁共振分析系统的应用效果：

① 利于全厂全流程优化：对关键物料的物性进行实时分析和监控，为 DCS/RTO/APC 提供实时数据，让企业能够根据物性变化及时调整优化方案，从根本

②减少质量过剩：在线分析一方面从源头上对原料物性进行了实时分析和监控，根据原料性质实时调整全厂加工方案，另一方面对装置生产的产品物性进行了实时分析和监控，可以据此对本装置及下游装置及时地进行操作参数调整，逐步减少质量过剩。

③实现常减压装置的"卡边"操作：应用在线检测技术既确保检测结果的实时性，又可综合各侧线在线检测结果，及时对相关的操作参数进行调整和优化，实现常减压装置的"卡边"操作。常减压装置在线检测结果可以和后续装置进行共享，为后续装置操作调整提供及时、合理的依据。

④减少化验人员劳动负荷：在线分析是自动检测，直接将检测结果传输到指定服务器上，无需人工现场操作，在保证各物料分析频率的同时，也大大减少了化验人员的劳动负荷。

(二)在催化裂化装置上的应用

1. 催化裂化装置简介

催化裂化是石油炼制过程之一，是在加热和催化剂的作用下使重质油发生裂化反应，转变为裂化气、汽油和柴油等的过程。

大分子烃类在热作用下发生裂化和缩合。采用合成硅酸铝催化剂：一种是无定形硅酸铝型，另一种是沸石型。

催化裂化是石油二次加工的主要方法之一。在高温和催化剂的作用下使重质油发生裂化反应，转变为裂化气、汽油和柴油等的过程。主要反应有分解、异构化、氢转移、芳构化、缩合、生焦等。与热裂化相比，其轻质油产率高，汽油辛烷值高，柴油安定性较好，并副产富含烯烃的液化气。

2. 催化裂化装置应用方案

催化裂化原料是原油通过原油蒸馏(或其他石油炼制过程)分馏所得的重质馏分油，或在重质馏分油中掺入少量渣油，或经溶剂脱沥青后的脱沥青渣油，或全部用常压渣油或减压渣油。在反应过程中由于不挥发的类碳物质沉积在催化剂上，缩合为焦炭，使催化剂活性下降，需要用空气烧去，以恢复催化活性，并提供裂化反应所需热量。NMR在催化裂化上的应用如图3-15所示。

NMR在线分析技术应用于催化裂化装置，可以在线分析渣油和蜡油等原料及产品等物料的主要性质。

NMR分析数据每小时更新一次，直接显示在DCS画面上，为生产操作提供实时在线质量数据。

原料油的在线分析物性包括密度、残炭、馏程、硫含量、氢含量、氮含量和镍钒等物性。产品油分析数据项目包括汽油和轻柴油的族组成、馏程、硫、氮、

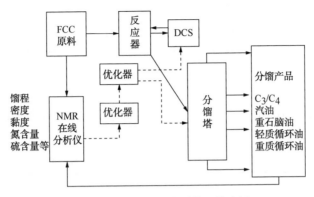

图 3-15　NMR 在催化裂化上的应用

RON、MON 等。物性分析结果用来指导装置生产及优化，实现全厂效益的最大化。

原料油性质对转化率、产品产率、产品性质都有重要影响，是所有操作条件中最重要的条件。生产中要保证原料油相对稳定。原料油发生变化时，需全面分析、预先评价。

原料油的性质主要包括烃族组成、氢含量、残炭、密度、馏程、重金属含量和水含量等，但这些性质都是互相联系的，其对催化裂化反应的影响也是各种性质变化的综合影响。

氢含量反映了原料的轻重程度和烃族组成。对于多产低碳烯烃的催化裂化工艺，原料油的氢含量要适当高些，以满足生产低碳烯烃时氢的平衡。

残炭是衡量原料油非催化焦生成倾向的一种特性指标。馏分油的残炭值很低，一般不超过 0.2%（质），其胶质、沥青质含量也较少。渣油的残炭值较高，在 5%～7%（质）之间，其胶质、沥青质含量也很高。

密度反映了原料的轻重程度，密度较小的原料容易裂化。

馏程表示原料的沸点范围和轻重馏分的分布，影响原料的裂化程度。原料中沸点低于 340℃ 的轻质直馏馏分不容易裂化，导致裂化轻油产率较高，转化率下降。

原料油中不可避免含有金属化合物，其中镍、钒尤为有害。在反应过程中这些金属永久性地沉积在催化剂上，会改变催化剂性能。镍加速与裂解反应竞争的脱氢反应，导致氢气和焦炭产率增加。钒破坏分子筛的晶格结构，导致催化剂永久失活。

原料油的含水量影响操作，如果原料脱水不净进入反应器，水汽化导致反应温度急剧降低、反应压力迅速上升，严重时会造成事故。

催化裂化装置在线核磁分析的物料为六股物料，可分析原料油和产品油，原料油包括重质馏分油、脱沥青渣油、常压渣油、减压瓦斯油、加氢精制蜡油、加氢渣油及混合蜡油等,产品包括汽油、轻柴油等。六股物料全程自动分析,每10min左右完成一股物料的分析和置换,在线分析数据直接上传至指定位置,并连接相应接口,满足DCS组态需求,指导DCS/APC装置调整生产。在线分析数据可为DCS/RTO/APC提供数据支撑。

催化裂化装置NMR在线分析的物料、物性(具体物料物性可根据具体情况定制)见表3-17。

表3-17 催化裂化装置核磁在线分析物料及物性

物料	物性
进料油	总碳、总氢、硫、氮、密度、50℃运动黏度、80℃运动黏度、残炭、10%馏出温度、50%馏出温度、90%馏出温度、镍、钒、芳烃含量、烷烃含量等
汽油	密度(20℃)、馏程(初馏点、10%、50%、90%、终馏点)、烷烃(饱和烃)、烯烃、环烷烃、芳烃、硫含量、氮含量、RON、MON等
柴油	密度(20℃)、馏程(初馏点、10%、50%、90%、终馏点)、胶质、硫含量、氮含量、十六烷值等

(三)在重整装置上的应用

1. 重整装置简介

催化重整是生产芳烃和高级汽油调和组分的主要工艺,全球大约38%的苯和87%的二甲苯来自催化重整装置。在发达国家的调和汽油中,重整汽油也占了很大比重。与此同时,重整装置的副产品-氢气还是石化企业加氢装置的最廉价氢源。因此催化重整装置在石化厂中处于非常重要的地位。

催化重整是石油炼制过程之一,加热、氢压和催化剂存在的条件下,使原油蒸馏所得的轻汽油馏分(或石脑油)转变成富含芳烃的高辛烷值汽油(重整汽油),并副产液化石油气和氢气的过程。重整汽油可直接用作汽油的调和组分,也可经芳烃抽提制取苯、甲苯和二甲苯。副产的氢气是石化厂加氢装置(如加氢精制、加氢裂化)用氢的重要来源。

催化重整就包括连续重整,半再生重整,铂铼重整。

连续重整是一种石油二次加工技术,加工的原料主要为低辛烷值的直馏石脑油、加氢石脑油等,利用铂-铼双金属催化剂,在500℃左右的高温下,使分子发生重排,异构,增加芳烃的产量,提高汽油辛烷值。

2. 重整装置应用方案

重整装置是以石脑油为原料生产高辛烷值汽油调和组分和芳烃的重要手段,同时可向加氢装置提供廉价的氢气,是石化企业的重要工艺之一。由于影响重整装置反应的因素很多,常规集散控制系统(DCS)很难取得满意的结果。国内外的应用实例表明,将先进控制(APC)用于重整装置,可以在满足操作约束条件的前提下,提高装置处理量,改善产品质量,同时降低装置能耗,提高装置的整体效益[7,8],其液体生成油的主要分析测试项目为辛烷值和芳烃组成等。因此,传统分析方法如辛烷值不能满足这些要求,该问题一直是制约催化剂研发进度的一个主要矛盾,具有瓶颈作用。

NMR 在线分析技术应用于重整装置,可以在线分析重整进料油、重整稳定汽油和混合石脑油等原料及产品等物料的主要性质,见表 3-18。

表 3-18 重整装置核磁在线分析物料及物性

物料	物性
重整进料油	馏程、密度、PONA、N_6、N_7、N_8、A_6、A_7、A_8、P_5、P_6、P_7、P_8 等
稳定汽油	密度、馏程、正构烷烃、异构烷烃、烯烃、环烷烃、芳烃、RON、MON、$A_{10}+A_{11}$、A_9、A_8、A_7、A_6、P_7+N_7、P_5+N_5、P_4 等
混合石脑油	密度、馏程、正构烷烃、异构烷烃、烯烃、环烷烃、芳烃等

NMR 分析数据每 15min 更新一次,直接显示在 DCS 画面上,为生产操作提供实时在线质量数据。

在线核磁分析系统对先进控制需要的主要质量数据在预先设定的范围内可提供及时准确的在线测试数据,对 APC 实现装置的平稳优化生产、提高目标产品产率、降低能耗,最终提高经济效益起到了显著的作用。例如,通过对重整进料油组成的实时分析测量,可为 APC 控制器提供前馈信息,对稳定汽油组成(如 P_7+N_7 和芳烃)和辛烷值的测量,可提供反馈信息,以选择合适的加权平均反应入口温度,确定各反应器的入口温度分布,使芳烃转化率更平稳,减少辛烷值的波动,同时避免反应深度过高造成的液体收率下降;根据稳定汽油的 P_4 和环烷烃含量卡上限操作,尽可能提高汽油的收率;通过进料油的 P_5 含量和稳定汽油的 P_5+N_5 含量,调整预处理单元分馏塔的塔顶温度,控制重整进料的初馏点等。

在线核磁分析系统可以实时、准确地给 APC 提供所需的全部分析数据,而且分析仪日常不需要维护,几乎没有消耗品,解决了长期制约 APC 发展的一个关键技术问题,对 APC 实现装置的平稳优化生产、提高目标产品产率、降低能耗,最终提高经济效益。核磁在线分析系统在国内炼油和化工装置将会具有良好的应用推广前景。

(四)在乙烯装置上的应用

1. 乙烯装置的简介

乙烯装置是以石油或天然气为原料,以生产高纯度乙烯和丙烯为主,同时副产多种石油化工原料的石油化工装置。裂解原料在乙烯装置中通过高温裂解、压缩、分离得到乙烯，同时得到丙烯、丁二烯、苯、甲苯及二甲苯等重要的副产品。

乙烯是由两个碳原子和四个氢原子组成的化合物，两个碳原子之间以双键连接。乙烯是极为重要的基础化工原料，其生产水平标志着一个国家石化工业的发达程度。以乙烯为原料可向下游衍生聚乙烯、苯乙烯/聚苯乙烯、聚氯乙烯、环氧乙烷/乙二醇、醋酸乙烯等重要的合成材料和有机原料，同时联产的丙烯、丁二烯、异丁烯、碳五馏分以及芳烃可以生产各种合成树脂、合成橡胶、合纤单体和基本有机原料等。

2. 乙烯装置应用方案

在乙烯生产过程中，准确实时测定裂解原料的组成和性质，通过先进控制系统优化裂解条件，对提高乙烯收率、延长裂解炉管除焦时间、降低能耗、保证装置高负荷平稳运行具有重要的作用，同时也是提高乙烯工业经济效益的一个技术关键。由于裂解原料按常规分析完成组成及性质的全面评价需要较长的时间（4~6h），一些重质原料的组成分析甚至很难进行。随着乙烯装置加工能力的增加，原料更换越来越快，原料来源的复杂性对原料分析技术提出了更高的要求，而传统的分析方法显然无法满足裂解装置优化运行对原料分析所提出的要求。鉴于现行分析技术上的缺陷，目前一些乙烯装置裂解条件的优化是通过在线色谱对裂解气的分析以及温度压力等操作参数的变化来对工艺条件和参数进行调整，这种裂解信息的获取方式存在一定的滞后和关联问题。因此，选择一种可行的技术手段，实现对裂解原料组成及性质的在线快速测定，对APC系统作用的进一步发挥，提高乙烯工业的技术水平和经济效益具有重要的意义。

国内用于乙烯生产的裂解原料主要有石脑油、常压柴油（AGO）、减压柴油（VGO），以及一些重质原料如减压重柴油（HVGO）、缓和加氢裂化油（MHC）和一段一次加氢裂化尾油（SSOT），不同的裂解原料及同一类原料不同的原油产地其组成差别较大，裂解性能和乙烯收率也有很大的差异。

核磁共振技术可以快速准确地测定这些原料的组成和性质数据，如可以准确测量石脑油的族组成（PONA值）、主要单体烃组成、馏程、密度、BMCI值和溴价等，同时还可对乙烯的潜收率、结焦指数进行评价。对柴油馏分的原料可以测定其详细组成、馏程、密度、凝点和芳烃指数，对裂解产生的粗汽油，核磁共振技术可以测定其辛烷值、苯、二甲苯、二烯等的含量，为粗汽油的进一步加工提供依据。

目前，核磁共振分析仪检测数据与各种标准实验方法分析的数据具有良好的一致性，两者误差满足对应实验方法国标再现性要求，一台核磁共振分析仪就可以完成需要多种设备才能完成的分析项目，降低了分析成本（包括人工成本），缩短了分析周期，加快了分析数据的反馈速度，为工艺条件优化操作提供了及时、全面、准确的数据，为实现装置效益最大化奠定了基础。

由于上游石化企业或外购原料的组成经常有较大的变化，而常规分析周期又较长，装置的运行可能经常处于非优化状态，这势必导致在乙烯收率、能耗、清焦周期等一些重要技术指标上与国外先进水平有较大差异。若乙烯装置采用核磁共振在线分析仪进行在线分析，可以迅速检测出原料组成的变化及产品质量性质情况，包括装置原料及关键侧线产品等六股物料，一小时以内均分析一遍，并将测定的结果及时反馈给 APC 系统进行操作条件优化，得出最佳的操作参数，并将最佳条件通过 DCS 系统控制生产装置，使装置长期处于优化、平稳的运行状态。除原料组成分析外，通过核磁波谱的测定和建立的模型还可以对乙烯、丙烯的潜收率、结焦指数进行检测；通过对裂解粗汽油的分析可以测定粗汽油的组成，如苯、甲苯、二甲苯和二烯的含量以及潜在辛烷值及不同馏分的量等指标进行检测。NMR 在乙烯装置上的物料及物性分析如图 3-16 所示。

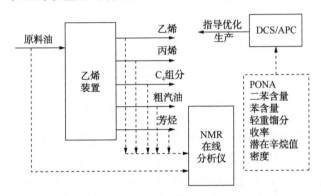

图 3-16　NMR 在乙烯装置上的物料及物性分析

（五）在油品调和上的应用

1. 原油调和应用方案

按照企业目的产品的不同，石油炼制企业可分为四种类型，即燃料型、燃料-润滑油型、燃料-化工型与燃料-润滑油-化工型。

燃料型石油炼制企业原油加工流程为：原油经过常减压蒸馏装置蒸馏后得到不同馏分范围的组分，这些组分根据馏分范围和其性质被安排至不同的二次加工装置进行加工，以获得企业需要的目的产品，燃料型石油炼制企业原油加工流程如图 3-17 所示。

对于一个正处于运行期的石油炼制企业来说，为获得最大化的经济效益和安全平稳长周期生产，需要高度重视和持续开展原油调和工作。

（1）原油调和是加工原油多样性的需求

石油炼制企业在建设之初，均按照特定的原油性质进行全厂加工总流程设计，这意味着企业加工的原油只能在一定范围内选择。随着油田的持续开采，单

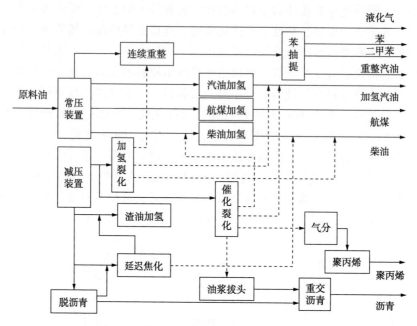

图3-17 燃料型石油炼制企业原油加工流程

个油田的原油性质和原油产量也在发生变化,同时企业在市场上采购原油也面临其他企业的竞争,这些因素导致石油炼制企业加工的原油品种远比原设计的原油品种多,为确保企业加工的原油性质符合设计要求,需要持续开展原油调和。不同原油在API度、硫含量、酸值、各馏程范围的收率及重金属含量等方面存在一定差异,因而加工多种原油时,为获得需要的混合原油性质,需要进行原油调和,表3-19为不同原油的主要性质。

表3-19 不同原油的主要性质

原油名称	API度	硫含量/%(质)	凝点/℃	酸值/(mgKOH/g)	石脑油/%(质)	煤油/%(质)	柴油/%(质)	蜡油/%(质)	渣油/%(质)
桑格斯	31.5	0.515	−7	0.48	17.58	9.37	19.65	27.05	24.09
阿曼	29.7	0.978	<−20	0.56	15.49	8.06	18.71	26.13	29.78
吉诺	26.2	0.414	−15	0.81	10.88	9.42	18.66	28.61	30.98
沙中	29.1	2.45	<−20	0.54	19.68	8.28	17.57	24.41	27.09
伊重	28.9	2.16	<−20	0.24	18.24	10.16	17.41	25.02	27.44
南巴	37.1	0.27	−14	0.46	25.30	12.91	20.29	23.57	15.27
萨宾诺	30.3	0.37	<−20	0.19	14.44	9.30	17.89	29.08	27.82
芒都	29.1	0.37	<−20	1.07	16.26	9.81	17.76	27.80	26.89

(2) 原油调和是石油化工企业加工装置对原料油性质的要求

对运行期的石油化工企业来说，全厂加工总流程和装置的设备材质要求原油的某些性质必须在一定范围内。例如，原油加工总流程对原油硫含量和酸值含量有限制要求。对蜡油馏分的加工来说，催化裂化装置和加氢裂化装置对原料油性质的要求有明显不同；对渣油馏分的加工来说，延迟焦化装置和渣油加氢装置对原料油性质要求的差异较大。

加氢裂化装置原料油较催化裂化装置轻，因而其原料的重金属含量低、残炭低；渣油加氢装置因掺炼约40%蜡油，其原料性质好于延迟焦化装置原料性质，延迟焦化装置原料残炭可达到22%(质)。

这些差异性造成原油的一次加工的原料必须有物性指标限制，因此原油调和是石油化工企业加工装置对原料油性质的要求，不同装置原料设计指标见表3-20。

表 3-20　不同装置原料设计指标

装置名称	催化裂化	加氢裂化	渣油加氢	延迟焦化
密度/(g/cm^3)	0.93	0.90	0.98	0.99
残炭/%(质)	2.5	0.1	13.8	15.4
S 含量/%(质)	0.73	1.107	2.08	1.69
Ni 含量/(μg/g)	8.0	0.1	43.5	43.2
V 含量/(μg/g)	4.0	0.1	13.8	3.34
Fe 含量/(μg/g)	6.0	0.4	6.6	

(3) 原油调和现状

传统的原油调和多为人工调和，由于不能及时获取原油性质，大多按照计划与调度安排，人工计算原油配比量，通过控制各原油储罐的输出量而得到装置加工的原油。这种简单的原油调和方法，常常导致原油加工装置操作波动，难以满足集约化、精细化生产要求。

原油加工基于智能化原油调和技术，是石油炼制企业生产中的重要内容，原油调和正在向基于优化控制的自动在线调和方向发展。在近红外(NIR)光谱、核磁共振(NMR)波谱的原油快速分析技术发展的推动下，先进的原油调和优化控制已开始工业应用，朝着"分子炼油"的方向发展。例如，韩国的SK公司将原油自动调和与原油快速评价技术结合，优化常减压装置的操作，在原油品种剧烈变化的时候保证装置操作的平稳运行，实现装置生产的最优化。又如，英国石油公司(BP)根据在线原油密度和实沸点蒸馏数据，及时调整操作参数，最大限度发挥装置的加工能力，带来可观的经济效益。

(4)核磁共振原油调和技术原理

智能化原油调和技术，涉及到石化工艺、快速原油评价、计算机技术、自动化技术、实时数据库、罐区计量、模型算法等多学科跨领域方面的知识。典型智能化原油调和系统主要包括原油快速评价系统、原油调和优化系统、原油调和控制系统三个子系统，如图3-18所示。

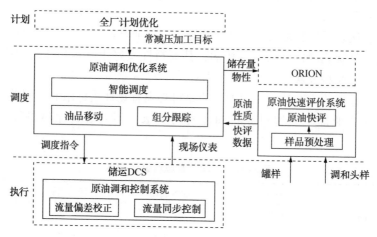

图3-18 原油调和系统构成

计划部门根据全厂上月实际加工情况、下月来油计划和年度的加工方案，给出各套常减压装置加工目标，加工量、产品产量及物性要求。

调度部门根据计划给出的常减压装置加工目标，利用原油调和优化系统，统筹多套常减压加工量和物性要求，在一个作业周期内，结合原油快评性质自动优化计算排产方案，下发调和方案给执行部门执行，排产方案通过接口给ORION，进行二次加工装置平衡计算。

执行部门收到调度下发的排产方案，人工确认并通过控制系统自动执行，并实现监控。

原油快评价系统目前已工业化应用的有近红外原油快速评价系统和核磁共振原油快速评价系统。以核磁共振原油快速评价系统为例，该系统包括核磁共振分析仪、建模软件、原油评价管理软件。

核磁共振原油快速评价系统采用复合预测技术的原油性质快速检测方法，采用偏最小二乘回归进行原油性质复合建模预测，可快速准确预测原油多项性质。原油调和系统流程图如图3-19所示。

(5)原油调和优化系统

典型原油调和优化系统包括智能调度、油品移动和组分跟踪。

智能调度技术原理基于专家经验知识库，用于统筹原油资源，以全厂计划优

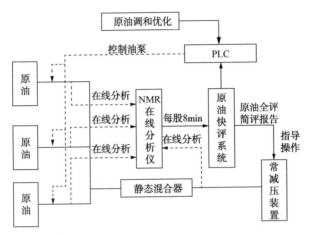

图 3-19 原油调和系统流程图

化条件下的多套常减压加工原油物性和加工量为排产优化目标，以来油计划、实时库存(量和性质)、工艺设备能力为约束条件，在一定周期内，优化计算排产方案，快速实现优质及劣质资源均衡优化使用。

(6) 原油调和控制系统

原油调和控制技术，是根据调和优化子系统给出的最优调和占比和主需求流量(即各掺炼线混合后总管线流量)，计算出各条原油掺炼线的流量，并采用流量变差滚动修正技术和流量同步控制技术，实现各条掺炼线的原油流量精确控制。

流量偏差滚动修正技术，是指按一定的控制周期循环进行的。每经过一个控制周期后，累积流量难免会出现偏差，能在当前控制周期中自动补偿上一控制周期的累积流量偏差，实现流量偏差滚动修正。

原油流量同步控制技术，是指在某些情况下(如管道受阻)，当某掺炼线的调节阀开度大于有效调节范围的最大值，而当前实际流量依然达不到要求时，系统能自动降低其他掺炼线的设定流量，以保证流量之间比例不变，实现流量同步控制。

2. 汽油调和应用方案

传统的成品汽油调和多为人工调和，各调和组分按照人为计算的调和比例折算体积注入成品罐，采用罐循环混合均匀，并根据罐采样分析数据，决定是否需要补充的组分罐物料到成品罐进行二次调和以得到所需的成品油。由于没有在线分析仪实时检测调和指标，同时调和指标多为非线性，决定了一次调和合格率不高，调和指标富余量大，同时带来了罐区罐容紧张，油气挥发污染环境等情况。

随着现代分析技术的发展,各调和组分油的性质能在线监测,智能化成品油调和技术已成功实现工业应用,国内汽油在线调和技术已有多套装置实现稳定的在线运行。Invensys 公司首次将核磁共振技术(NMR)运用于油品调和[9]。

智能化成品油调和的工艺采用管道调和的方案,即各调和组分油采用独立的流量控制,总管上采用静态混合器混合均匀,大多数的在线调和系统都采用了精准度较高的质量流量控制。在调和工艺上还出现了直接调和(即 1~2 种主要物料从装置直接进调和工艺系统)和罐区调和(即所有物料均从中间组分罐进调和工艺系统)两种方案,如图 3-20 所示。

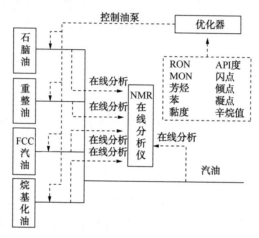

图 3-20　NMR 在汽油调和上的应用

智能化调和软硬件则包括油品性质快速检测系统、成品油调和优化软件、油品调和控制系统,通过这些智能化软硬件的结合应用,实现 95% 以上的一次调和合格率,全部调和控制指标合格或卡边,如汽油的辛烷值的富余量控制在 0.2~0.3 个单位以内。

油品性质快速检测系统是油品在线调和能够实现的基础。快速检测系统可采用近红外分析技术和核磁共振技术,目前近红外分析在油品在线调和中应用较多,该仪器可在线检测各路调和组分油和成品汽油的辛烷值、烯烃等十几项指标,分析速度快、精度高。近年来,一些企业逐渐采用核磁技术对油品性质进行快速检测。核磁技术可以对调和组分油和成品汽油进行检测,而与近红外技术相比,核磁技术设备和模型的维护工作量低,强度小等特点,可以及时有效地为成品油调和优化系统提供基础数据。

成品汽油调和优化系统包括优化软件(含数学模型库)、网络神经自学习软件。

优化软件根据汽油性质快速检测系统提供的调和组分油的性质和调和指令优化计算调和配方,并将配方下达给汽油调和控制系统。同时随时监测现场数据变化，同步计算现场情况对调和的影响和应该变化的调和配方，及时下载到汽油调和控制系统来修正。

数学模型库是优化软件的核心。汽油的组成十分复杂，一般分为烷烃、环烷烃、烯烃和芳烃等四种。每种单体烃由于结构的不同，调和时都有各自的混合特性，表现为调和时混合物的性质与调和组分性质中的较为关键的辛烷值、蒸气压、密度等指标呈现为非线性关系，而烯烃、芳烃和苯含量等指标为线性特点，调和模型数据库主要针对非线性指标调和效应的研究，汽油调和主要是基于分子扩散、涡流扩散和对流扩散等方式的调和，调和过程虽然相对简单，但该过程存在复杂的调和效应。所以利用数学方法从混合机理和烃类组成等多方面对调和特性进行预测和描述，建立精确度高、适应性广的调和模型是实现汽油在线调和的一个重要基础。汽油辛烷值调和模型是汽油调和中被重点关注的模型，国内外公司和研究院分别建立了机理模型和回归模型有十多种[10]，在实践中应用较多的有 Ethyl RT-205，Exxon Mobil 变换法和 Du Pont 交互系数法，调和指数法等，模型精度和应用范围各有不同，每种模型一般情况下都需要收集调和数据，回归确定最终的调和模型，并进行调和模型数据库模型的现场校验。

网络神经自学习软件自动将成功的调和参数存入数学模型库，进一步完善其本地化的参数库，可以大幅提高首次计算的配方的准确性。

汽油调和控制系统根据油品调和优化系统下载的配方执行调和过程，同时监测现场调和汽油数据和设备状况，保持与控制计算机的数据交换。

表 3-21 为我国最新实施的汽油质量标准，从中可见，不同牌号的汽油质量指标有一定差异，主要体现在抗爆指数的不同。

表 3-21 汽油主要质量标准

项目	国(Ⅵ)		
	89#	92#	95#
抗爆指数(RON+MON)/2	≥84	≥87	≥90
铅含量/(g/L)		≤0.005	
铁含量/(g/L)		≤0.01	
锰含量/(g/L)		≤0.002	
馏程			
10%蒸发温度/℃		≤70	
50%蒸发温度/℃		≤110	
90%蒸发温度/℃		≤190	
终馏点/℃		≤205	

续表

项目	国(Ⅵ)		
	89#	92#	95#
残留量/%(体)	≤2		
蒸气压/kPa (11月1日~4月30日)	45~85		
蒸气压/kPa (5月1日~10月31日)	40~65		
溶剂洗胶质含量/(mg/100mL)	≤5		
诱导期/min	≥480		
硫含量/(mg/kg)	≤10		
博士试验	通过		
铜片腐蚀(50℃,3h)/级	≤1		
水溶性酸或碱	无		
机械杂质及水分	无		
苯含量/%(体)	≤0.8		
芳烃含量/%(体)	≤35		
烯烃含量/%(体)	≤15		
氧含量/%(质)	≤2.7		
甲醇含量/%(质)	≤0.3		

石化企业的汽油池的种类主要有以下几种：催化汽油、重整汽油、加氢汽油、石脑油、烷基化油、异构化汽油、MTBE，各种类汽油组分的主要性质见表3-22。由该表可见，各组分的主要性质差异较大，一般难以单独作为成品汽油销售，需要在企业内调和后再进行销售。

表3-22 各汽油组分主要性质

产品组分	硫含量/%(质)	芳烃含量/%(体)	辛烷值(RON)	烯烃含量/%(体)	苯含量/%(体)	氧含量/%(质)	抗爆指数(DON)	蒸气压/kPa
催化汽油	0.0187	14.70	88.20	26.50	0.23		76.20	82.60
加氢汽油	0.007	22.00	91.33	21.50	0.60	0.00	85.90	63.00
重整汽油	0.000	92.06	108.26				104.26	4.8
石脑油	0.001	0.49	72.98	0.00	0.25	0.00	70.44	120.91

续表

产品组分	硫含量/%(质)	芳烃含量/%(体)	辛烷值(RON)	烯烃含量/%(体)	苯含量/%(体)	氧含量/%(质)	抗爆指数(DON)	蒸气压/kPa
异构化汽油	0.00	0.00	96.0	0.00	0.00	0.00		
烷基化油	0.0001	0.00	96.50	0.00	0.00	0.00	94.50	42.00
MTBE	0.0001		117.00			18.00	111.00	55.00

3. 柴油调和应用方案

柴油是石化企业主要的轻质油产品之一，每座炼油厂一般都有两种以上的柴油馏分，不同的柴油馏分具有不同的性质。科学合理地进行柴油调和可以起到以下作用：使柴油产品达到符合国标要求的性质和性能；使组分合理使用从而有效地提高产品的收率，使工厂获得较大的经济效益；提高质量等级改善柴油的使用性能，在工厂提高经济效益的同时增加了社会效益。因此，柴油调和也是每个石化企业的一项重要工作。

石油化工企业的柴油组分主要有以下几种：直馏柴油、催化柴油、焦化柴油、渣油加氢柴油、加氢裂化柴油等，各组分的主要性质见表3-23。由该表可见，各组分的主要性质差异较大。柴油各组分一般需加氢精制后才能作为成品销售，而在加氢精制过程，根据目的产品的差异和受加氢装置的限制，加氢精制装置的原料大多经过选择和调和，因而后续的产品调和任务大幅降低。

表3-23 各柴油组分主要性质

产品组分	硫含量/%(质)	十六烷值	闪点/℃	胶质/(mg/100mL)	酸度/(mgKOH/100mL)	20℃黏度/(mm²/s)
直馏柴油	0.37	51.5	60		30.21	3.04
催化柴油	0.234	20.6	77	120	6.58	4.49
焦化柴油	0.93		85	570		6.04
渣加柴油	0.0098	35.1	85.5	11.96		36.3
加裂柴油	0.00004	54	82			

通过采用在线核磁分析仪、优化软件控制实现柴油管道调和，可保证加工质量。将各组分油和添加剂按一定比例同时送进油品总管内，经过管道静态混和器使油品充分混合均匀，以达到调和目的。各组分油调和支路上设有数据采集点，由核磁分析仪和硫分析仪对在线采集的数据进行实时分析，并将各组分油的十六烷值、密度、馏程和硫体积分数送往控制系统，控制系统根据实时数据及相关质量控制程序进行计算以得出最佳调和方案，并控制各组分油和添加剂支路上的调

节阀，控制组分油及添加剂的加入量，使油品质量稳定并尽量减少质量过剩，提高经济效益。

参 考 文 献

[1] 林融. 石油化工智能生产技术及其应用[J]. 中国仪器仪表，2010，(S1)29-32.
[2] 吴青. NIR，MIR 和 NMR 分析技术在原油快速评价中的应用[J]. 炼油技术与工程，2018，48(06)：1-7.
[3] 王涛，唐全红，徐燕平，等. 九江石化基于 Hontye IRAS 系统的全流程优化应用[J]. 当代石油石化，2017，25(01)：28-33.
[4] 王琤，唐全红，李舜，等. 新一代在线核磁共振分析仪在原料油物性快速评价中的应用[J]. 石油炼制与化工，2017，48(10)：101-106.
[5] 刘图强，任泓. 核磁共振在线分析仪在乙烯装置裂解炉中的应用[J]. 石油化工自动化，2004(05)：85-86.
[6] 罗真，胡恒星. 核磁共振在线分析技术在催化装置油品分析中的应用[J]. 化工自动化及仪表，2004(04)：46-48.
[7] 王为民. 先进控制与实时优化系统在连续重整装置上的应用[J]. 石油炼制与化工，2006，37(12)：57-60.
[8] 王京华，褚小立，袁洪福. 在线近红外光谱分析技术在重整装置的应用[J]. 炼油技术与工程，2007，37(7)：24-28.
[9] 林立敏，陈建，金加剑. 核磁共振在线分析技术及其在炼油和化工装置中的应用[J]. 石油化工自动化，2004(3)：55-59.
[10] 李响. 油品调和优化问题的研究[D]. 大连理工大学. 2010.

第四章　核磁共振油品物性分析

第一节　油品物性定性和定量分析

定性分析是识别和鉴定物质有哪些元素、原子团、官能团或化合物组成，解决物质由什么组成的问题。

定量分析是测量物质的元素、原子团、官能团或化合物组成的多少，解决物质组成单元的数量问题。

工厂油品的物性定性和定量分析一般来说是同时进行的，主要的分析标准有国外标准、国家标准、石油化工行业标准、企业标准等。严格执行标准是取得准确数据的根本保证。

样品分析前，部分需要进行相关的预处理。样品预处理的目的是使样品满足分析方法、分析仪器检测的要求，从而分析检测得到准确的数据。当样品的性质和浓度等条件满足分析方法的要求时，可直接进行分析；而当样品自身的状态、性质等不能满足分析方法的要求时，则需要对样品进行适当的处理，使进行分析的样品满足分析方法的要求。常用的预处理方法主要包括富集法、稀释法等。

（1）直接分析

样品的状态、样品物性的浓度范围和影响因素等都满足分析标准要求，不需对样品进行稀释、浓缩和化学处理。

（2）富集分析

由于样品某物性的含量低于分析方法检测下限的要求，需要对样品某物性进行富集。如检测水中微量油含量，可用四氯化碳萃取富集水中的微量油。

（3）稀释分析

由于样品某物性的含量超出分析方法检测上限的要求，需要对样品稀释；样品的黏度大，造成样品核磁谱图的分离度小，通过稀释样品，可以提高样品核磁谱图的分离度。如高黏度油品的物性检测，可用四氯化碳稀释。

第二节　典型物料分析

油品的性质是由组成油品的分子结构决定的，NMR技术可对组成油品的分子结构进行表征，从而实现对油品物性的分析和评价。下面对目前石化企业中一些 NMR 技术应用比较成熟的典型物料的分析过程和效果,进行具体的介绍。

一、原油的分析

(一)原油物性快速分析

作为其他种类油品的加工原料,原油在石化企业的生产加工中起到了十分关键的作用。一般情况下,石化企业根据原油的性质来确定原油加工方案,以达到效益最大化。采用传统的分析方法对原油进行评价,分析时间较长,无法及时地为生产提供数据;而采用 NMR 快速评价技术,将大大缩短原油评价的时间,为生产提供快速准确的原油性质数据。

利用 NMR 技术对样品进行分析时,主要是对样品中各类结构进行定性和定量分析,因此与这些结构有关的物性,可以利用 NMR 技术进行分析和评价。NMR 技术作为一种有效的原油快速评价方法,近年来,已经在某石化厂中取得了显著的成果。目前,应用较为成熟的原油分析项目主要包括:API 度、酸值、碳含量、氢含量、硫含量、氮含量、水分、残炭、凝点、胶质、沥青质、有机金属镍含量、钒含量、实沸点收率等多个物性。表 4-1 总结了某石化厂利用 NMR 技术所分析的原油物性。

表 4-1　某石化厂原油分析物性统计

序号	物　　性	序号	物　　性
1	API 度	13	钒含量/(mg/kg)
2	酸值/(mgKOH/g)	14	初馏点~80/%(质)
3	碳含量/%(质)	15	80~120/%(质)
4	氢含量/%(质)	16	120~180/%(质)
5	硫含量/%(质)	17	180~240/%(质)
6	氮含量/(mg/kg)	18	240~300/%(质)
7	水分/%(质)	19	300~350/%(质)
8	残炭/%(质)	20	350~400/%(质)
9	凝点/℃	21	400~450/%(质)
10	胶质/%(质)	22	450~500/%(质)
11	沥青质/%(质)	23	500~540/%(质)
12	镍含量/(mg/kg)	24	540~终馏点/%(质)

(二)原油的 NMR 谱图

石化企业加工的原油种类,一般会根据装置的特点和实际情况来进行合理的选择。不同种类的原油,利用 NMR 技术进行分析时,得到的 NMR 谱图也会有差异,图 4-1(a)~(e)列举了几种不同产地原油的 ^{1}H-NMR 谱图,表 4-2(a)~(e)列举了几种不同产地原油利用 NMR 分析的数据。

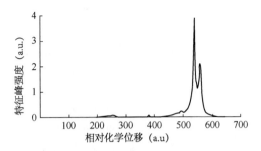

图 4-1(a) 胜利原油 ^{1}H-NMR 谱图

注：本书中 NMR 谱图中横坐标相对化学位移，主要是将其一特定化学位移区间(约为 12~-2)平均分成 700 等分后所得的相对数值

表 4-2(a)　胜利原油 NMR 分析数据

物性	NMR 分析数值	物性	NMR 分析数值
API 度	21.11	钒含量/(mg/kg)	2.67
酸值/(mgKOH/g)	1.48	初馏点~80/%(质)	2.28
碳含量/%(质)	86.99	80~120/%(质)	2.02
氢含量/%(质)	11.87	120~180/%(质)	2.97
硫含量/%(质)	0.978	180~240/%(质)	4.75
氮含量/%(质)	0.488	240~300/%(质)	7.62
水分/%(质)	0.49	300~350/%(质)	8.01
残炭/%(质)	6.76	350~400/%(质)	7.75
凝点/℃	2.8	400~450/%(质)	9.01
胶质/%(质)	21.76	450~500/%(质)	12.08
沥青质/%(质)	0.79	500~540/%(质)	6.65
镍含量/(mg/kg)	20.11	540~终馏点/%(质)	36.86

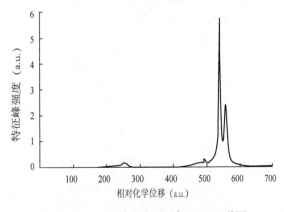

图 4-1(b) 巴林沙中原油 ^{1}H-NMR 谱图

表 4-2(b) 巴林沙中原油 NMR 分析数据

物性	NMR 分析数值	物性	NMR 分析数值
API 度	28.22	钒含量/(mg/kg)	26.16
酸值/(mgKOH/g)	0.52	初馏点~80/%(质)	3.98
碳含量/%(质)	84.92	80~120/%(质)	4.92
氢含量/%(质)	11.81	120~180/%(质)	6.27
硫含量/%(质)	2.642	180~240/%(质)	8.31
氮含量/%(质)	0.152	240~300/%(质)	9.77
水分/%(质)	0.06	300~350/%(质)	8.03
残炭/%(质)	7.75	350~400/%(质)	5.75
凝点/℃	-19.8	400~450/%(质)	9.11
胶质/%(质)	19.33	450~500/%(质)	9.08
沥青质/%(质)	2.42	500~540/%(质)	5.65
镍含量/(mg/kg)	10.12	540~终馏点/%(质)	29.13

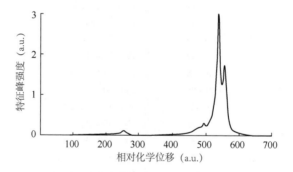

图 4-1(c) 伊朗重质原油 ^{1}H-NMR 谱图

表 4-2(c) 伊朗重质原油 NMR 分析数据

物性	NMR 分析数值	物性	NMR 分析数值
API 度	28.93	钒含量/(mg/kg)	69.16
酸值/(mgKOH/g)	0.31	初馏点~80/%(质)	4.34
碳含量/%(质)	85.61	80~120/%(质)	5.94
氢含量/%(质)	11.79	120~180/%(质)	7.88
硫含量/%(质)	2.028	180~240/%(质)	9.63
氮含量/%(质)	0.223	240~300/%(质)	9.27
水分/%(质)	0.07	300~350/%(质)	8.53
残炭/%(质)	6.65	350~400/%(质)	4.02
凝点/℃	-21.2	400~450/%(质)	9.01
胶质/%(质)	33.31	450~500/%(质)	8.23
沥青质/%(质)	3.29	500~540/%(质)	5.94
镍含量/(mg/kg)	17.12	540~终馏点/%(质)	27.21

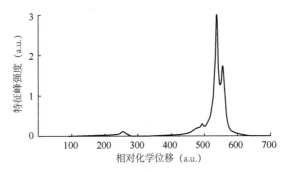

图 4-1(d)　萨宾诺原油 ^{1}H-NMR 谱图

表 4-2(d)　萨宾诺原油 NMR 分析数据

物性	NMR 分析数值	物性	NMR 分析数值
API 度	30.47	钒含量/(mg/kg)	8.14
酸值/(mgKOH/g)	1.09	初馏点~80/%(质)	3.98
碳含量/%(质)	86.21	80~120/%(质)	5.61
氢含量/%(质)	12.79	120~180/%(质)	6.73
硫含量/%(质)	0.408	180~240/%(质)	9.36
氮含量/%(质)	0.237	240~300/%(质)	9.11
水分/%(质)	0.33	300~350/%(质)	8.67
残炭/%(质)	3.32	350~400/%(质)	4.39
凝点/℃	-1.8	400~450/%(质)	9.81
胶质/%(质)	19.71	450~500/%(质)	9.25
沥青质/%(质)	0.99	500~540/%(质)	6.32
镍含量/(mg/kg)	7.42	540~终馏点/%(质)	26.77

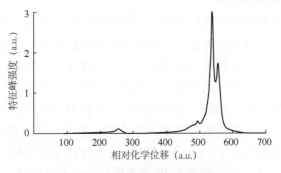

图 4-1(e)　芒都原油 ^{1}H-NMR 谱图

表 4-2(e) 芒都原油 NMR 分析数据

物性	NMR 分析数值	物性	NMR 分析数值
API 度	29.17	钒含量/(mg/kg)	9.19
酸值/(mgKOH/g)	1.01	初馏点~80/%(质)	3.87
碳含量/%(质)	86.13	80~120/%(质)	5.48
氢含量/%(质)	13.08	120~180/%(质)	6.88
硫含量/%(质)	0.397	180~240/%(质)	9.58
氮含量/%(质)	0.371	240~300/%(质)	9.87
水分/%(质)	0.18	300~350/%(质)	7.79
残炭/%(质)	5.52	350~400/%(质)	4.42
凝点/℃	-21.4	400~450/%(质)	9.27
胶质/%(质)	19.95	450~500/%(质)	8.93
沥青质/%(质)	1.08	500~540/%(质)	6.77
镍含量/(mg/kg)	21.47	540~终馏点/%(质)	27.14

原油的组成比较复杂，主要是由烷烃、环烷烃、芳香烃和烯烃等多种液态烃所组成的混合物。而通过几种原油的 ^{1}H-NMR 谱图可以看出，原油主要包含了脂肪烃中的甲基(—CH$_3$)、亚甲基(—CH$_2$)以及芳烃中的苯环( )、甲基(—CH$_3$)、亚甲基(—CH$_2$)等基团。在不同种类的原油中，各结构和基团的相对含量也会有所差异。因此，可基于原油中不同结构的相对含量，来对原油的各性质进行准确地计算和预测。

二、汽油的分析

(一)汽油物性快速分析

汽油一般是由原油炼制而得到的一种馏分油，其主要成分为 C_5~C_{12} 脂肪烃、环烷烃类，以及一定量的芳香烃[1]。在原油的加工过程中，蒸馏、热裂化、加氢裂化、催化裂化、催化重整等过程都会产生汽油组分，但由于其制备过程中的环境和条件完全不同，因此得到的汽油性质也会有较大的差异。

采用 NMR 技术对汽油样品进行分析时，由于 ^{1}H-NMR 谱图中丰富的特征峰种类，因此可以对汽油的性质做出更为精准的计算和预测。目前，利用 NMR 技术可实现对汽油的密度、PONA 值、馏程、辛烷值、溴价等关键物性的快速分析。表 4-3 列举了某石化厂利用 NMR 技术所分析的汽油物性。

表4-3 某石化厂汽油分析物性统计

序号	物性	序号	物性
1	密度(20℃)/(kg/m³)	10	10%蒸发温度/℃
2	辛烷值(RON,MON)	11	50%蒸发温度/℃
3	烷烃含量/%(质体)	12	90%蒸发温度/℃
4	烯烃含量/%(质体)	13	95%蒸发温度/℃
5	环烷烃含量/%(质体)	14	终馏点/℃
6	芳烃含量/%(质体)	15	硫含量/%(质)
7	饱和烃含量/%(质体)	16	氮含量/%(质)
8	苯含量/%(质体)	17	蒸气压/kPa
9	初馏点/℃	18	溴价/(gBr/100g)

表4-3中所列物性主要是目前石化企业中对于汽油原料油或产品油重点关注且已应用成熟的一些物性,而其他与结构有关的物性,同样可以尝试利用NMR技术进行分析和评价。

(二)汽油的NMR谱图

在石化企业中,多数装置在生产和加工的过程中,有汽油产品,而不同装置所加工或生产的汽油,结构和性质也千差万别,图4-2(a)~(j)列举了某石化厂中一些关键装置汽油原料或产品的^{1}H-NMR

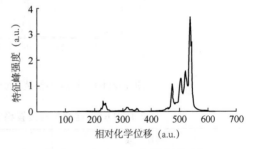

图4-2(a) 催化裂化装置稳定汽油^{1}H-NMR谱图

谱图,表4-4(a)~(j)列举了一些关键装置汽油原料或产品利用NMR分析的数据。

表4-4(a) 催化裂化装置稳定汽油NMR分析数据

物性	NMR分析数值
初馏点/℃	26
10%蒸发温度/℃	38
50%蒸发温度/℃	98
90%蒸发温度/℃	169
终馏点/℃	199
密度(20℃)/(kg/m³)	721.6
辛烷值(RON)	91.2

续表

物性	NMR 分析数值
硫含量/%(质)	0.0203
饱和烃含量/%(质)	64.48
烯烃含量/%(质)	17.56
苯含量/%(质)	0.34
芳烃含量/%(质)	17.62
蒸气压/kPa	85.2

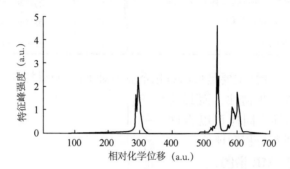

图 4-2(b) 连续重整装置稳定汽油 ^{1}H-NMR 谱图

表 4-4(b) 连续重整装置稳定汽油 NMR 分析数据

物性	NMR 分析数值
初馏点/℃	59
10%蒸发温度/℃	92
50%蒸发温度/℃	129
90%蒸发温度/℃	165
终馏点/℃	206
密度(20℃)/(kg/m^3)	825.9
辛烷值(RON)	103.3
正构烷烃/%(质)	16.56
异构烷烃/%(质)	7.69
烷烃含量/%(质)	24.25
烯烃含量/%(质)	0.51
环烷烃含量/%(质)	1.31
芳烃含量/%(质)	73.93
溴价/(gBr/100g)	0.9

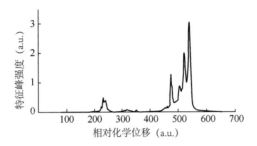

图 4-2(c) 吸附脱硫装置产品油 ^{1}H-NMR 谱图

表 4-4(c) 吸附脱硫装置产品油 NMR 分析数据

物性	NMR 分析数值
初馏点/℃	60
10%蒸发温度/℃	85
50%蒸发温度/℃	130
90%蒸发温度/℃	181
终馏点/℃	207
密度(20℃)/(kg/m³)	762.8
辛烷值(RON)	85.7
饱和烃含量/%(体)	56.75
烯烃含量/%(体)	16.42
苯含量/%(体)	0.33
芳烃含量/%(体)	26.85

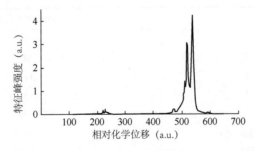

图 4-2(d) 常减压装置初顶石脑油 ^{1}H-NMR 谱图

表 4-4(d) 常减压装置初顶石脑油 NMR 分析数据

物性	NMR 分析数值
初馏点/℃	26
10%蒸发温度/℃	41

续表

物性	NMR 分析数值
50%蒸发温度/℃	92
90%蒸发温度/℃	132
终馏点/℃	153
密度(20℃)/(kg/m^3)	698.5
正构烷烃/%(质)	34.23
异构烷烃/%(质)	32.51
烷烃含量/%(质)	66.74
烯烃含量/%(质)	0.05
环烷烃含量/%(质)	26.62
芳烃含量/%(质)	6.59

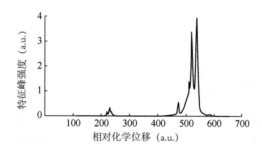

图 4-2(e)　常减压装置常顶石脑油 ^{1}H-NMR 谱图

表 4-4(e)　常减压装置常顶石脑油 NMR 分析数据

物性	NMR 分析数值
初馏点/℃	54
10%蒸发温度/℃	96
50%蒸发温度/℃	117
90%蒸发温度/℃	136
终馏点/℃	159
密度(20℃)/(kg/m^3)	738.2
正构烷烃/%(质)	26.44
异构烷烃/%(质)	27.90
烷烃含量/%(质)	54.34
烯烃含量/%(质)	0.13
环烷烃含量/%(质)	34.51
芳烃含量/%(质)	11.02

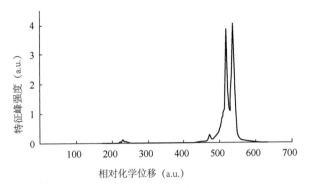

图 4-2(f)　2#柴油加氢装置石脑油 ¹H-NMR 谱图

表 4-4(f)　2#柴油加氢装置石脑油 NMR 分析数据

物性	NMR 分析数值
初馏点/℃	33
10%蒸发温度/℃	59
50%蒸发温度/℃	113
90%蒸发温度/℃	156
终馏点/℃	178
密度(20℃)/(kg/m³)	715.4
正构烷烃/%(质)	40.26
异构烷烃/%(质)	29.82
烷烃含量/%(质)	70.08
烯烃含量/%(质)	0.06
环烷烃含量/%(质)	24.07
芳烃含量/%(质)	5.79
溴价/(gBr/100g)	0.2

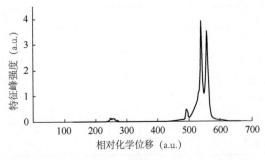

图 4-2(g)　4#柴油加氢装置石脑油 ¹H-NMR 谱图

表 4-4(g) 4#柴油加氢装置石脑油 NMR 分析数据

物性	NMR 分析数值
初馏点/℃	76
10%蒸发温度/℃	131
50%蒸发温度/℃	154
90%蒸发温度/℃	175
终馏点/℃	188
密度(20℃)/(kg/m^3)	760.9
正构烷烃/%(体)	23.13
异构烷烃/%(体)	26.97
烷烃含量/%(体)	50.10
烯烃含量/%(体)	0.13
环烷烃含量/%(体)	39.89
芳烃含量/%(体)	9.88

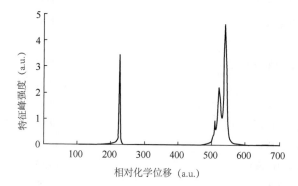

图 4-2(h) 芳烃抽提装置苯抽提塔进料油 ^{1}H-NMR 谱图

表 4-4(h) 芳烃抽提装置苯抽提塔进料油 NMR 分析数据

物性	NMR 分析数值
非芳烃含量/%(质)	72.872
苯含量/%(质)	27.117
甲苯含量/%(质)	0.011
乙苯含量/%(质)	0
二甲苯含量/%(质)	0
三甲苯含量/%(质)	0

续表

物性	NMR 分析数值
正构烷烃/%(质)	20.26
异构烷烃/%(质)	50.19
烷烃含量/%(质)	70.45
烯烃含量/%(质)	0.95
环烷烃含量/%(质)	3.42
芳烃含量/%(质)	25.18
溴价/(gBr/100g)	2.011

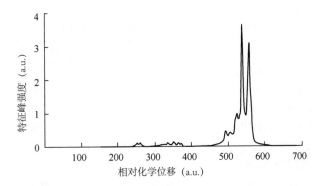

图 4-2(i)　延迟焦化装置稳定汽油 ^{1}H-NMR 谱图

表 4-4(i)　延迟焦化装置稳定汽油 NMR 分析数据

物性	NMR 分析数值
初馏点/℃	35
10%蒸发温度/℃	61
50%蒸发温度/℃	141
90%蒸发温度/℃	196
终馏点/℃	221
密度(20℃)/(kg/m^3)	735.9
硫含量/%(质)	0.781
氮含量/%(质)	0.026
溴价/(gBr/100g)	39.8

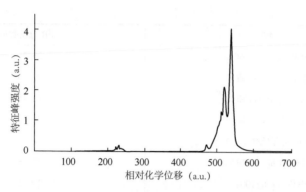

图 4-2(j)　加氢裂化装置重石脑油 ^{1}H-NMR 谱图

表 4-4(j)　加氢裂化装置重石脑油 NMR 分析数据

物性	NMR 分析数值
初馏点/℃	69
10%蒸发温度/℃	88
50%蒸发温度/℃	109
90%蒸发温度/℃	136
终馏点/℃	151
正构烷烃/%(质)	9.52
异构烷烃/%(质)	29.47
烷烃含量/%(质)	38.99
烯烃含量/%(质)	0.12
环烷烃含量/%(质)	53.95
芳烃含量/%(质)	6.94

由不同装置原料或产品汽油的 ^{1}H-NMR 谱图可以看出，各类汽油的成分比较复杂，NMR 谱图中特征峰种类繁多，但汽油种类不同，各结构的相对含量也会有所差异。一些汽油中主要以直链的烃类为主，如常减压装置的初顶、常顶石脑油、柴油加氢装置的石脑油等；而一些汽油中包含了更多的芳烃类物质，如连续重整装置的稳定汽油、芳烃抽提装置的苯抽提塔进料油等。一般来说，汽油各性质主要受其组成分子结构影响，因此同样可根据不同结构的相对含量，对汽油的各性质进行准确的预测。

三、煤油的分析

(一)煤油物性快速分析

煤油主要由烷烃、芳烃、不饱和烃、环烃等组分构成，碳原子数约为 11~16。

根据用途分类，煤油可以分为航空煤油、动力煤油、溶剂煤油、灯用煤油、燃料煤油、洗涤煤油等。一般不同用途的煤油，其各组分的相对含量也会有所不同。

在各类煤油中，航空煤油对于油品的质量要求较高。因此，石化企业对于密度、黏度、闪点等关键物性十分关注。NMR技术可以通过对样品分子结构的分析，进而实现对航空煤油各关键物性的快速预测。目前，石化企业中利用NMR技术分析较为成熟的物性主要包括密度、黏度、馏程、闪点、冰点、烟点等，见表4-5。

表4-5 石化厂中煤油物性分析统计

序号	物性	序号	物性
1	密度(20℃)/(kg/m^3)	11	10%回收温度/℃
2	黏度(20℃)/(mm^2/s)	12	20%回收温度/℃
3	黏度(-20℃)/(mm^2/s)	13	50%回收温度/℃
4	碳含量/%(质)	14	90%回收温度/℃
5	氢含量/%(质)	15	95%回收温度/℃
6	硫含量/%(质)	16	终馏点/℃
7	闪点/℃	17	饱和烃含量/%(体)
8	烟点/mm	18	烯烃含量/%(体)
9	冰点/℃	19	芳烃含量/%(体)
10	初馏点/℃	20	萘系烃含量/%(体)
		21	苯胺点/℃

(二)煤油的NMR谱图

航空煤油作为航空燃料油，对于质量具有更高的要求。目前，石化企业中所加工的煤油大多也以航空煤油为主。图4-3(a)~(d)对某石化厂中一些关键装置煤油原料或产品的^{1}H-NMR谱图进行了展示，表4-6(a)~(d)列举了一些关键装置煤油原料或产品利用NMR分析的数据。

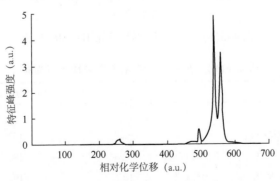

图4-3(a) 航煤加氢装置精制航煤^{1}H-NMR谱图

表 4-6(a)　航煤加氢装置精制航煤 NMR 分析数据

物性	NMR 分析数值
初馏点/℃	154
10%回收温度/℃	167
20%回收温度/℃	171
50%回收温度/℃	182
90%回收温度/℃	209
终馏点/℃	224
闪点/℃	44.8
密度(20℃)/(kg/m^3)	792.7
黏度(20℃)/(mm^2/s)	1.398
黏度(-20℃)/(mm^2/s)	3.092
冰点/℃	-65.1
烟点/mm	24.6
苯胺点/℃	58.74
硫含量/%(质)	0.0213
饱和烃含量/%(体)	86.1
烯烃含量/%(体)	13.3
芳烃含量/%(体)	0.6
萘系烃含量/%(体)	0.48

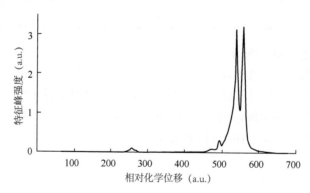

图 4-3(b)　加氢裂化装置航煤 ^{1}H-NMR 谱图

表 4-6(b)　加氢裂化装置航煤 NMR 分析数据

物性	NMR 分析数值
初馏点/℃	147
10%回收温度/℃	173
20%回收温度/℃	180
50%回收温度/℃	192

续表

物性	NMR 分析数值
90%回收温度/℃	207
终馏点/℃	222
闪点/℃	44.3
密度(20℃)/(kg/m^3)	811.5
黏度(20℃)/(mm^2/s)	1.541
黏度(-20℃)/(mm^2/s)	3.567
冰点/℃	-70
烟点/mm	25.1
苯胺点/℃	56.88
饱和烃含量/%(体)	88.2
烯烃含量/%(体)	11.3
芳烃含量/%(体)	0.5
萘系烃含量/%(体)	0.09

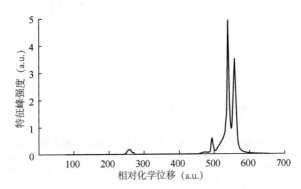

图 4-3(c) 常减压装置常一线物料 ^{1}H-NMR 谱图

表 4-6(c) 常减压装置常一线物料 NMR 分析数据

物性	NMR 分析数值
初馏点/℃	149
10%回收温度/℃	168
20%回收温度/℃	173
50%回收温度/℃	183
90%回收温度/℃	208

续表

物性	NMR 分析数值
终馏点/℃	228
闪点/℃	42.7
密度(20℃)/(kg/m³)	786.8
碳含量/%(质)	85.88
氢含量/%(质)	13.96
硫含量/%(质)	0.074
冰点/℃	-66.9
烟点/mm	25.4

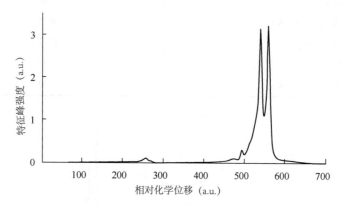

图 4-3(d) 罐区航煤半成品 ^{1}H-NMR 谱图

表 4-6(d) 罐区航煤半成品 NMR 分析数据

物性	NMR 分析数值
初馏点/℃	152
10%回收温度/℃	169
20%回收温度/℃	174
50%回收温度/℃	195
90%回收温度/℃	219
终馏点/℃	232
闪点/℃	43.9
密度(20℃)/(kg/m³)	804.9
黏度(20℃)/(mm²/s)	1.578
黏度(-20℃)/(mm²/s)	3.664

续表

物性	NMR 分析数值
冰点/℃	-70
烟点/mm	24.8
苯胺点/℃	57.05
饱和烃含量/%(体)	87.2
烯烃含量/%(体)	12.2
芳烃含量/%(体)	0.6
萘系烃含量/%(体)	0.15

在不同装置煤油的 ^{1}H-NMR 谱图中，各类煤油的结构较为相似，主要包含了饱和烃中的甲基（—CH$_3$）、亚甲基（—CH$_2$）以及芳烃中的苯环（⬡）、甲基（—CH$_3$）、亚甲基（—CH$_2$）等基团，但各基团的相对含量差别较大。例如，在航煤加氢装置精制航煤中，饱和烃中的亚甲基（—CH$_2$）含量要明显多于甲基（—CH$_3$）含量，说明此类煤油中 C 链较长，支链较少；而在加氢裂化装置的航煤产品中，饱和烃中的甲基（—CH$_3$）含量要更多，说明此类煤油中 C 链较短，包含了更多的支链结构。

通常，煤油由于组成结构的差异，其性质也会有着很大的变化。因此，利用 NMR 分析技术，通过对煤油中不同结构相对含量的测定，进而准确预测出各类煤油的实际性质，实现对煤油的快速分析。

四、柴油的分析

（一）柴油物性快速分析

柴油是轻质石油产品，是一种由复杂烃类（碳原子数约 10~22）所组成的混合物。通常，柴油分为轻柴油和重柴油两大类，轻柴油沸点范围约为 180~370℃，而重柴油沸点范围约为 350~410℃。其制备主要是通过原油蒸馏、热裂化、减黏裂化、催化裂化、加氢裂化、石油焦化等过程生产的柴油馏分调配而成。

根据不同种类柴油分子结构的差异，同样可利用 NMR 技术对结构中各基团相对含量进行测定，进而对柴油的性质进行准确的预测，实现对其关键物性的快速分析。目前，在石化企业中，柴油的密度、十六烷值、闪点、凝点、硫含量、氮含量、黏度等众多关键物性，都已实现利用 NMR 技术进行快速分析。表 4-7 列举了某石化厂利用 NMR 技术所分析的柴油物性。

表4-7　某石化厂柴油物性分析统计

序号	物性	序号	物性
1	密度(20℃)/(kg/m³)	10	氮含量/%(质)
2	十六烷值/℃	11	初馏点/℃
3	闪点/℃	12	10%回收温度/℃
4	凝点/℃	13	50%回收温度/℃
5	黏度(50℃)/(mm²/s)	14	90%回收温度/℃
6	黏度(80℃)/(mm²/s)	15	95%回收温度/℃
7	碳含量/%(质)	16	终馏点/℃
8	氢含量/%(质)	17	残炭/%(质)
9	硫含量/%(质)	18	溴价/(gBr/100g)

(二)柴油的NMR谱图

一般在石化企业中，很多装置都会产生柴油产品，而对于不同种类的柴油来说，其结构和性质也会大不相同。图4-4(a)~(h)列举了某石化厂中一些关键装置柴油产品的¹H-NMR谱图，表4-8(a)~(h)列举了一些关键装置柴油产品利用NMR分析的数据。

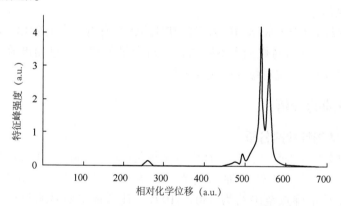

图4-4(a)　1#柴油加氢装置精制柴油¹H-NMR谱图

表4-8(a)　1#柴油加氢装置精制柴油NMR分析数据

物性	NMR分析数值
初馏点/℃	208
10%回收温度/℃	234
50%回收温度/℃	254
90%回收温度/℃	278

续表

物性	NMR 分析数值
终馏点/℃	296
闪点/℃	89.8
凝点/℃	-22.3
密度(20℃)/(kg/m^3)	821.2
黏度(20℃)/(mm^2/s)	3.716
十六烷值	51.9

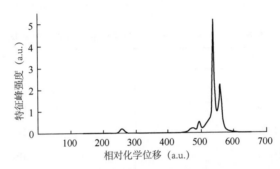

图 4-4(b)　2#柴油加氢装置精制柴油 ^{1}H-NMR 谱图

表 4-8(b)　2#柴油加氢装置精制柴油 NMR 分析数据

物性	NMR 分析数值
初馏点/℃	185
10%回收温度/℃	214
50%回收温度/℃	262
90%回收温度/℃	321
95%回收温度/℃	332
终馏点/℃	337
闪点/℃	74
凝点/℃	-13
密度(20℃)/(kg/m^3)	849.1
十六烷值	43.5

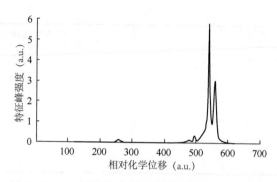

图 4-4(c)　4#柴油加氢装置精制柴油 1H-NMR 谱图

表 4-8(c)　4#柴油加氢装置精制柴油 NMR 分析数据

物性	NMR 分析数值
初馏点/℃	171
10%回收温度/℃	198
50%回收温度/℃	249
90%回收温度/℃	319
95%回收温度/℃	331
终馏点/℃	350
闪点/℃	61.4
凝点/℃	-18
密度(20℃)/(kg/m³)	825.6
十六烷值	52.8
溴价/(gBr/100g)	0.1

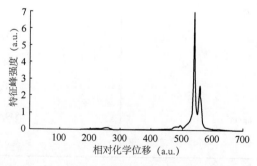

图 4-4(d)　常减压装置常三线物料 1H-NMR 谱图

表 4-8(d)　常减压装置常三线物料 NMR 分析数据

物性	NMR 分析数值
初馏点/℃	215
10%回收温度/℃	274
50%回收温度/℃	313
90%回收温度/℃	340
95%回收温度/℃	348
终馏点/℃	355
闪点/℃	99.8
凝点/℃	-5.3
密度(20℃)/(kg/m^3)	850.2
碳含量/%(质)	85.32
氢含量/%(质)	13.55
硫含量/%(质)	0.473
氮含量/%(质)	0.032
十六烷值	53.4
残炭/%(质)	0.02

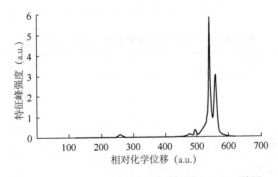

图 4-4(e)　催化裂化装置轻柴油 ^{1}H-NMR 谱图

表 4-8(e)　催化裂化装置轻柴油 NMR 分析数据

物性	NMR 分析数值
初馏点/℃	186
10%回收温度/℃	222
50%回收温度/℃	271
90%回收温度/℃	337

续表

物性	NMR 分析数值
95%回收温度/℃	351
终馏点/℃	360
闪点/℃	81.2
凝点/℃	−18
密度(20℃)/(kg/m^3)	931.7
黏度(20℃)/(mm^2/s)	4.215
硫含量/%(质)	0.365

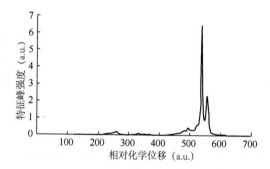

图 4-4(f) 延迟焦化装置柴油 ^{1}H-NMR 谱图

表 4-8(f) 延迟焦化装置柴油 NMR 分析数据

物性	NMR 分析数值
初馏点/℃	194
10%回收温度/℃	237
50%回收温度/℃	281
90%回收温度/℃	326
95%回收温度/℃	333
闪点/℃	81.6
凝点/℃	−13.2
密度(20℃)/(kg/m^3)	857.2
黏度(20℃)/(mm^2/s)	4.261
硫含量/%(质)	0.938
氮含量/%(质)	0.145
溴价/(gBr/100g)	29.3

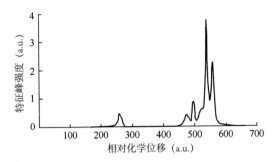

图 4-4(g)　渣油加氢装置柴油 ^{1}H-NMR 谱图

表 4-8(g)　渣油加氢装置柴油 NMR 分析数据

物性	NMR 分析数值
初馏点/℃	185
10%回收温度/℃	214
50%回收温度/℃	247
90%回收温度/℃	298
95%回收温度/℃	307
终馏点/℃	315
凝点/℃	-19
密度(20℃)/(kg/m³)	866.7
硫含量/%(质)	0.0157
氮含量/%(质)	0.0339

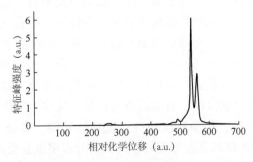

图 4-4(h)　加氢裂化装置柴油 ^{1}H-NMR 谱图

表 4-8(h)　加氢裂化装置柴油 NMR 分析数据

物性	NMR 分析数值
初馏点/℃	195
10%回收温度/℃	244
50%回收温度/℃	292
90%回收温度/℃	355
95%回收温度/℃	368
闪点/℃	84
凝点/℃	-1
密度(20℃)/(kg/m^3)	835.3
硫含量/%(质)	0.554

与汽油和煤油相比，柴油结构中碳原子数增多，碳链更长，因而在大多种类柴油的 ^{1}H-NMR 谱图中，直链上的甲基(—CH$_3$)、亚甲基(—CH$_2$)相对含量也会明显增大。例如，柴油加氢、延迟焦化、加氢裂化、常减压等装置的柴油馏分，其结构主要以直链上的甲基(—CH$_3$)、亚甲基(—CH$_2$)为主，直链烃类含量较多，而芳烃类物质含量较少。但在部分装置(如催化裂化和渣油加氢装置)的柴油馏分中，包含了较多的苯环(　　)及其环上的甲基(—CH$_3$)、亚甲基(—CH$_2$)等基团，芳烃类组分含量较高。因此，在不同种类的柴油中，其内部结构也是有着较大的差异。

五、重油的分析

(一)重油分析的方法

重油通常是指原油提取汽油、柴油后的剩余重质油，其特点主要是相对分子质量大、黏度高，并且含有大量的氮、硫、蜡质以及金属，流动性较差。

一般石化企业中，原油经常减压装置常压蒸馏后，得到汽油、煤油、柴油等轻质馏分油，而剩余部分需要减压蒸馏，得到性质不同的各类重质油馏分。从减压塔蒸馏出来的侧线油(如减一线、减二线、减三线、减四线)，一般称之为蜡油，可作为焦化、催化等装置的原料；而塔底的剩余部分，称之为渣油，可用于加工制取石油焦、残渣润滑油、石油沥青等产品，或作为裂化原料[4]。

与轻质油特点不同，重油黏度较高，流动性较差，部分重油常温下呈黏稠状，因此在利用 NMR 技术进行分析时，谱图的分辨率也会受到一定的影响。

对于常减压装置减压蒸馏所得的侧线馏分(减一线、减二线、减三线、减四线)以及加氢裂化原料油等蜡油，其 NMR 谱图分辨率较高，并未受到样品本身的性质的影响；而对于催化裂化、常减压等装置所产生的渣油，其谱图的分辨率有所下降，利用 NMR 技术对其进行分析和预测时，其准确性也会略有下降。因此，在对这类样品分析之前，需经过特定方式的处理，以提高样品 NMR 谱图分辨率，来保证分析结果的准确性。

提高样品 NMR 谱图分辨率的常用方法主要包括升温法和稀释法，下面就两种方法的具体效果和特点进行详细的介绍。

1. 升温法

对于各类油品而言，温度升高后，样品的黏度将会明显降低，分子的动能增加，其 NMR 谱图的分辨率会得到明显的提升，尤其是对于渣油等重质油而言，效果会更为明显。

图 4-5 为某石化厂催化装置蜡油和渣油混合原料在不同温度下的 NMR 谱图。从谱图上可以看出，当温度由 30℃ 升至 70℃ 时，样品的 NMR 谱图中的特征峰变得更为尖锐，说明升高温度，谱图的分辨率会得到明显的提升。

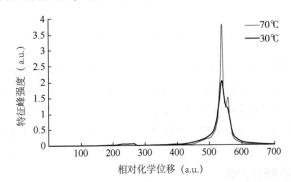

图 4-5　不同温度下催化裂化装置蜡+渣原料 ^{1}H-NMR 谱图

提高温度对于提高样品 NMR 谱图的分辨率有着明显的帮助，因此对于渣油等重质油，在利用 NMR 技术对其分析时，可适当提高其分析温度。升温法操作简单，在短时间内即可达到提升谱图分辨率的目的。但同时，NMR 分析仪对于样品最高分析温度有一定的限制，因此升温法也会受到 NMR 分析仪器的制约。

2. 稀释法

稀释法主要是通过特定的化学溶剂，对一些较难分析的样品进行稀释处理，从而使样品便于分析。对于渣油等重质油来说，稀释后样品的分子活性也会明显增强，NMR 谱图的分辨率也会明显提升。稀释法最大的要求，就是用于稀释的化学溶剂对于分析结果不会产生任何的影响。对于 H^1-NMR 分析仪来说，其检测原理主要是对样品中不同种类的 H 原子进行定性和定量分析，因此只要稀释所用的溶剂中不含 H^1 原子，一般都不会对分析结果产生影响。对于重油进行稀释，通常选用四氯化碳等化学溶剂。

当采用不同比例的化学试剂进行稀释时,样品的 NMR 谱图也会有着明显的差别。图 4-6 列举了某石化厂催化装置蜡油和渣油混合原料在不同稀释比例下的 NMR 谱图。从谱图中可以看出,当重油样品采用稀释剂进行稀释后,谱图的分辨率会有明显地提升,并且随着稀释剂比例的逐步增大,分辨率也是会逐步升高,说明稀释法对重油谱图分辨率的提升有着明显的作用。

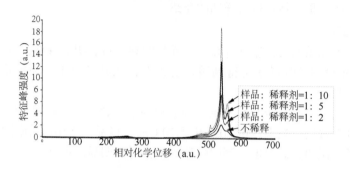

图 4-6 不同稀释比例下催化裂化装置蜡+渣原料 ^{1}H-NMR 谱图

同时,随着稀释剂比例的逐步增大,谱图基线处的噪音也会越来越明显,而噪音过大也会对样品的分析结果造成不利的影响,因此应合理控制稀释剂加入的比例。并且,当采用的稀释剂比例不同时,样品 NMR 谱图的分辨率提升幅度也会有所不同,因此采用稀释法对于同种样品进行分析时,稀释剂的加入量应恒定在某一固定比例。

(二)重油物性快速分析

通过各类重油结构上的差异,同样可利用 NMR 技术对其各基团相对含量进行测定,从而对重油的关键物性进行快速地分析和预测。目前,在石化企业中应用比较成熟的物性主要包括密度、黏度、凝点、残炭、馏程、硫含量、氮含量、四组分等众多关键物性,见表 4-9。

表 4-9 某石化厂重油分析物性统计

序号	物性	序号	物性
1	密度(20℃)/(kg/m^3)	8	钒含量/(mg/kg)
2	黏度(40℃)/(mm^2/s)	9	初馏点/℃
3	黏度(50℃)/(mm^2/s)	10	5%馏出温度/℃
4	黏度(80℃)/(mm^2/s)	11	10%馏出温度/℃
5	黏度(100℃)/(mm^2/s)	12	30%馏出温度/℃
6	碳含量/%(质)	13	50%馏出温度/℃
7	氢含量/%(质)	14	70%馏出温度/℃

续表

序号	物性	序号	物性
15	硫含量/%(质)	22	90%馏出温度/℃
16	氮含量/%(质)	23	95%馏出温度/℃
17	残炭/%(质)	24	终馏点/℃
18	闪点/℃	25	饱和烃含量/%(质)
19	凝点/℃	26	芳烃含量/%(质)
20	碱性氮含量/(mg/kg)	27	胶质含量/%(质)
21	镍含量/(mg/kg)	28	沥青质含量/%(质)

(三)重油的 NMR 谱图

对于不同种类的重油,其内部分子结构也会有所差异。图 4-7(a)~(g)列举了某石化厂中一些关键装置重油的 ^{1}H-NMR 谱图,表 4-10(a)~(g)列举了一些关键装置重油利用 NMR 分析的数据。

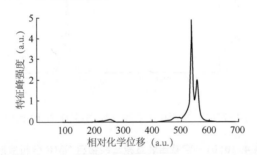

图 4-7(a) 常减压装置减二线物料 ^{1}H-NMR 谱图

表 4-10(a) 常减压装置减二线物料 NMR 分析数据

物性	NMR 分析数值
初馏点/℃	284
5%馏出温度/℃	345
10%馏出温度/℃	356
30%馏出温度/℃	377
50%馏出温度/℃	395
70%馏出温度/℃	416
90%馏出温度/℃	447
95%馏出温度/℃	468
终馏点/℃	489
密度(20℃)/(kg/m^3)	894.5

续表

物性	NMR 分析数值
黏度(80℃)(mm²/s)	5.19
碳含量/%(质)	86.53
氢含量/%(质)	12.06
硫含量/%(质)	0.878
凝点/℃	21
残炭/%(质)	0.01
饱和烃含量/%(质)	58.67
芳烃含量/%(质)	35.71
胶质含量/%(质)	5.62
沥青质含量/%(质)	0

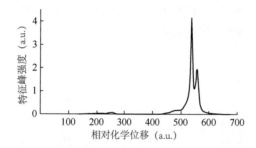

图 4-7(b)　常减压装置减三线物料 ^{1}H-NMR 谱图

表 4-10(b)　常减压装置减三线物料 NMR 分析数据

物性	NMR 分析数值
初馏点/℃	332
5%馏出温度/℃	406
10%馏出温度/℃	423
50%馏出温度/℃	459
90%馏出温度/℃	504
95%馏出温度/℃	511
终馏点/℃	519
密度(20℃)/(kg/m³)	915.9
碳含量/%(质)	86.68
氢含量/%(质)	11.97
硫含量/%(质)	0.911

续表

物性	NMR 分析数值
凝点/℃	30.3
残炭/%(质)	0.34
酸值/(mgKOH/g)	1.19
饱和烃含量/%(质)	59.67
芳烃含量/%(质)	34.12
胶质含量/%(质)	6.21
沥青质含量/%(质)	0

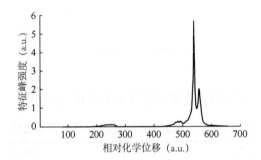

图 4-7(c)　加氢裂化装置原料油 ^{1}H-NMR 谱图

表 4-10(c)　加氢裂化装置原料油 NMR 分析数据

物性	NMR 分析数值
初馏点/℃	220
10%馏出温度/℃	345
50%馏出温度/℃	449
90%馏出温度/℃	521
终馏点/℃	558
密度(20℃)/(kg/m^3)	908.1
碳含量/%(质)	87.06
氢含量/%(质)	11.53
硫含量/%(质)	0.821
氮含量/%(质)	0.221
残炭/%(质)	0.16
黏度(50℃)/(mm^2/s)	22.13
黏度(80℃)/(mm^2/s)	8.315

续表

物性	NMR 分析数值
饱和烃含量/%(质)	59.67
芳烃含量/%(质)	34.12
胶质含量/%(质)	6.21
沥青质含量/%(质)	0

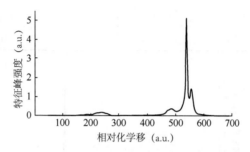

图 4-7(d)　延迟焦化装置蜡油 ^{1}H-NMR 谱图

表 4-10(d)　延迟焦化装置蜡油 NMR 分析数据

物性	NMR 分析数值
初馏点/℃	290
10%馏出温度/℃	378
50%馏出温度/℃	415
90%馏出温度/℃	520
终馏点/℃	565
密度(20℃)/(kg/m³)	943.6
黏度(40℃)/(mm²/s)	39.1
硫含量/%(质)	1.152
闪点/℃	187
凝点/℃	29
残炭/%(质)	0.46

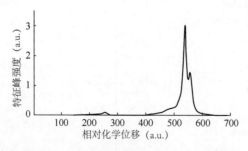

图 4-7(e)　催化裂化装置原料油 ^{1}H-NMR 谱图

表 4-10(e)　催化裂化装置原料油 NMR 分析数据

物性	NMR 分析数值
10%馏出温度/℃	374
30%馏出温度/℃	418
50%馏出温度/℃	499
70%馏出温度/℃	579
密度(20℃)/(kg/m³)	915.3
碳含量/%(质)	86.59
氢含量/%(质)	12.06
硫含量/%(质)	0.293
氮含量/%(质)	0.251
碱性氮含量/%(质)	0.642
残炭/%(质)	3.21
黏度(50℃)/(mm²/s)	67.13
黏度(80℃)/(mm²/s)	22.15

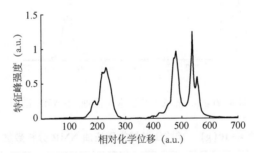

图 4-7(f)　催化裂化装置油浆 ¹H-NMR 谱图

表 4-10(f)　催化裂化装置油浆 NMR 分析数据

物性	NMR 分析数值
初馏点/℃	295
10%馏出温度/℃	378
50%馏出温度/℃	420
90%馏出温度/℃	521
终馏点/℃	565
密度(20℃)/(kg/m³)	1105.8
黏度(80℃)/(mm²/s)	131.9
碳含量/%(质)	91.82

续表

物性	NMR 分析数值
氢含量/%(质)	6.97
硫含量/%(质)	0.689
氮含量/%(质)	0.394
镍含量/(mg/kg)	10.08
钒含量/(mg/kg)	17.94
饱和烃含量/%(质)	5.70
芳烃含量/%(质)	79.21
胶质含量/%(质)	14.43
沥青质含量/%(质)	0.66

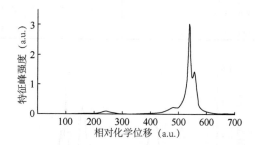

图 4-7(g)　常减压装置常压渣油 ^{1}H-NMR 谱图

表 4-10(g)　常减压装置常压渣油 NMR 分析数据

物性	NMR 分析数值
初馏点/℃	298
10%馏出温度/℃	364
50%馏出温度/℃	471
90%馏出温度/℃	658
终馏点/℃	725
密度(20℃)/(kg/m^3)	945.1
黏度(80℃)/(mm^2/s)	72.4
硫含量/%(质)	1.298
残炭/%(质)	6.68
凝点/℃	35
镍含量/(mg/kg)	18.08
钒含量/(mg/kg)	17.34

重油一般相对分子质量较大，结构中直链上的甲基(—CH_3)、亚甲基(—CH_2)相对含量较多，在大多重油的^1H-NMR谱图中，以这两种基团的特征峰为主。但不同种类的重油，其内部结构也会有着明显的差异，而其性质也会受其结构的影响，发生较大的变化。因此，同样可利用NMR分析技术，通过对重油中各结构相对含量的测定，快速和准确地实现对重油实际性质的分析和预测。

第三节 物性分析模型

上节中所提到的利用NMR技术对各类物料进行快速分析和评价，其过程主要是利用前期所建立的分析模型，来实现对新样品核磁谱图的解析，从而预测出各物性的具体数值。而整个过程的关键和核心，即为各物料的物性分析模型，本节将会对模型的建立、验证和应用过程进行介绍。

利用NMR技术实现对物料的快速分析，主要包括三个过程：建模所需数据的收集、模型的建立以及模型的验证和应用。

一、建立模型数据的收集

模型的建立，首先需要收集同种样品的核磁谱图和其对应的实验室分析数据，然后将核磁谱图和物性分析数据进行关联，建立相应的分析模型。一般每个物性都需要建立各自的分析模型，而不同的物料，其分析模型通常也要求分开建立，以提高模型的准确性。

每个物性分析模型的建立，大约需要15~20组数据。因此，在模型建立之前，需选取15~20个具有代表性的样品，一方面利用NMR分析仪进行扫描，得到样品的NMR谱图，另一方面利用传统的分析方法，对样品各物性进行分析，得到样品所对应的较为准确的实验室分析数据。

建立模型需要的数据量随物性的特点而有所不同。有些物性，分析数据与核磁谱图的关系较为简单，只需几组具有代表性的数据即可建立准确的分析模型，如水含量分析模型；而有些物性，其分析数据与核磁谱图关系比较复杂，则需更多的数据，如密度分析模型。通常当数据量达到20组后，各物性分析模型都可以达到较为准确的水平，并且随着建模数据量的增加，模型的准确性也会越来越高。因此，在模型应用的过程中，定期地补充最新的实验室分析数据对模型进行更新，也会进一步提高分析模型的准确性。

二、模型的建立

模型的建立过程，主要是采用特定的数学算法将谱图信息和物性数据进行关联。一般常用的数学算法，主要包括偏最小二乘法、人工神经网络法、主成分分析法等。由于样品的结构和性质与核磁谱图会呈线性关系，因此大多数物性在建立分析模型时，通常以偏最小二乘法为主。

偏最小二乘法，是一种多因变量对多自变量的回归建模方法，很好地解决了以往用普通多元回归无法解决的问题。它通过最小化误差的平方和找到一组数据的最佳函数匹配。它对变量 X 和 Y 都进行分解，从变量 X 和 Y 中同时提取成分（通常称为因子），再将因子按照它们之间的相关性从大到小排列。根据需要选择较为合理的因子数，便可找到一个用线性模型来描述独立变量 Y 与预测变量组 X 之间的关系式：

$$Y = b_0 + b_1X_1 + b_2X_2 + \cdots + b_pX_p$$

式中　b_0——截距；

　　　b_i——数据点 1 到 p 的回归系数。

根据此方法，选取图谱中与物性关联度较大的信号区段，将这些点与物性数据进行关联，求出相应的系数，得到宏观物性与微观样品结构有直接对应关系的数据模型。基于 NMR 技术的物性模型校准后即可使用[2]。

三、模型的验证与应用

各物料物性分析模型，在建立完成后，需经过严格的验证，核磁快评数据的准确性达到用户的要求时，才能进行实际的应用。一般模型的验证过程，主要是利用 NMR 分析仪对几组新样品进行分析，得到相应的 NMR 谱图，而后利用建立好的分析模型，对 NMR 谱图进行解析，预测出新样品的各物性数值。若预测数据与实验室分析数据相差不大，误差都在合理的范围，则说明模型效果较好。

通常情况下，当同一种物料连续几组新样品预测数值都在合理范围内，则说明目前分析模型对该物料的适应性较强，可以应用于该种物料的快速分析；若部分预测数据与实验室分析数据仍有偏差，需进一步对模型进行修正，而后继续对修正后的分析模型进行验证，直至模型的准确性达到具体应用的条件。

当分析模型进行应用后，仍需对其准确性进行进一步地关注和验证。通常当物料性质具有较大范围的波动，并且超过之前建立模型所用数据的范围时，之前所建分析模型能够及时地反映物性性质的变化趋势，但结果的准确性可能会受到一定的影响。因此，一方面，在建模之初收集建模数据时，选取的样品应具有代表性，确保其物性的变化范围更广，并且各样品性质均匀分布在此范围内，从而提高模型对不同性质范围物料的适应性；另一方面，在模型应用后，若某一时间段内物料性质波动较大且超过之前建立模型所用数据的范围，应及时补充最新分析数据对模型进行更新，从而增强分析模型的适应性，以进一步提高其分析的准确性。

第四节　典型物性快速分析

之前章节介绍了各类物料利用 NMR 技术具体分析的物性以及分析所用模型的建立和验证过程，本节将对一些关键物性的分析过程及建模方法进行详细的介绍。

一、水含量的快速分析

在石化企业生产过程中，各类物料中一般都会不可避免地含有少量的水分。而水分的存在，会对各装置产生不利的影响。例如，原油中水含量过高，会引起电脱盐等操作异常，会出现跳闸、断电等现象，严重时可能会导致电极板击穿，引发严重后果；而当常减压装置水含量较多时，会导致常减压装置发生"冲塔"现象，造成产品不合格，严重时甚至会导致常压塔塔盘被吹翻，造成整个装置的停工。因此，石化企业中各装置对物料中水分的含量，都会进行严格的控制。

传统方法对于水含量的分析，主要包括蒸馏法、电量法等。蒸馏法一般适用于原油中水含量的分析，而电量法主要适用于轻质油中水含量的分析。传统分析方法通常需要样品量较多，分析时间较长，很难及时地为生产提供数据。NMR 技术作为一项简便快捷的快速分析技术，具有分析时间短、分析结果准确等众多优势，因而逐渐被用于石化企业中各物料关键物性的快速分析和评价。

利用 NMR 技术对于物料中水含量的分析，能够达到相当高的准确性。在 NMR 谱图中，横坐标代表了各基团的化学位移，不同结构中 H 原子的化学位移也会有所不同；而纵坐标代表了特征峰强度，各结构含量越高，其对应的特征峰的峰强度也会越大。水含量由于其结构简单，只含有一种 H 原子，因而在 NMR 谱图中只存在一个特征峰，并且其横坐标位置固定。同时，其纵坐标的特征峰强度与其实际含量也会成正比关系。因此，各物料中水含量的分析模型较为简单，即水含量的实际值与其峰强度呈正相关关系，并且其准确性也会达到相当高的水平。

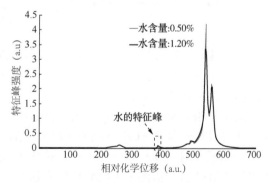

图 4-8　不同水含量的原油 ^{1}H-NMR 谱图

图 4-8 列举了某石化厂常减压装置中含有不同水分原油的 ^{1}H-NMR 谱图。从图中可以明显地观察到，随着水含量的逐步升高，NMR 谱图中水含量的特征峰强度也会明显增大，说明 NMR 谱图能够准确反映出水含量的大小，利用 NMR 技

术对水含量的分析，结果快速、准确、可靠。

二、酸值(度)的快速分析

石油产品中，酸性组分主要包括环烷酸、其他羧酸、无机酸、硫醇、酚类等。其中，环烷酸和其他有机酸是油品中酸性物性的主要组成部分，因而可总称为石油酸。一般重质油品中用酸值表示其含量的多少，而轻质油品用酸度表示。酸值是指取 1g 试样用氢氧化钾中和消耗的氢氧化钾数，单位为 mgKOH/g；而酸度是指取 100mL 试样用氢氧化钾进行中和消耗的氢氧化钾数，单位 mgKOH/100mL。

在石油炼制过程中，环烷酸直接与铁发生反应，造成加热炉管、换热器及其他炼油设备腐蚀；环烷酸还可以与石油设备的保护膜 FeS 发生反应，使金属设备露出新的表面，受到新的腐蚀，如果不能在炼制过程中脱除石油中的酸性物质，将会影响最终产品质量、造成设备故障、环境污染等问题。随着含酸原油的开采量的增加，由含酸烃油引起的设备腐蚀问题也越来越受到人们的关注[3]。因此，石化企业通常会采取相应的措施，对各物料的酸值(度)进行严格地控制。

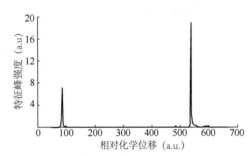

图 4-9 纯醋酸的 ^{1}H-NMR 谱图

石油酸的结构是以环烷基直链羧酸为主，其结构式为 $C_nH_{2n-1}COOH$。在利用 NMR 技术对酸值(度)进行分析时，可重点以—COOH 基团为基础进行计算。—COOH 基团特征峰越强，说明物料中酸性物质含量越高，酸值(度)越大。

图 4-9 为醋酸的 ^{1}H-NMR 谱图。在谱图中，可以观察到两个较为明显的特征峰，从左到右分别为—CH_3 结构和—COOH 结构中 H 原子的特征峰。当建立酸值(度)分析模型时，即可以—COOH 结构中 H 原子的特征峰为主要区域，建立物料实际酸值(度)与谱图中主区域特征峰强度直接的线性关系。

需要指出的是，—COOH 结构所处的化学环境不同，其化学位移也会存在一定的差异。因此，与纯醋酸相比，各物料酸性物质中的—COOH 结构会有微小的偏移，在建立不同物料酸值(度)分析模型时，应根据实际情况，合理选择 NMR 谱图中特征峰的主区域，以增强分析模型的准确性。

三、硫含量的快速分析

硫含量是石油产品分析中的重要内容，是衡量石油产品质量的重要项目之一。油品中硫元素的存在，不仅对炼油装置、机械设备及储运设施产生腐蚀，而且可能影响油品的安全性；而含硫较高的物料，除对设备产生严重腐蚀外，还会造成催化剂中毒等现象。而在有些情况下，硫的存在却是很有益处的，例如为了改善一些油品的性质，会在油品中加入含有非活性硫化物当作添加剂[4]。因此，加强对油品的质量监控，特别是硫含量的监控，对于石化企业来说具有特别重要的意义。

石油产品中硫元素以单质硫、硫醇类、硫化氢、二硫化物、硫醚类、噻吩及其同系物等形式存在[4]。而其中，硫醇类、硫醚类、噻吩及其同系物等非活性硫含量较多，在多数物料中占绝大部分比例。利用 NMR 技术对硫含量进行分析时，需对这些主要成分在 NMR 谱图中的化学位移进行详细的研究。

对几种主要硫元素存在形式的纯物质的化学位移进行研究时，可利用 NMR 分析仪对几种纯物质分别进行分析和扫谱，观察各结构在核磁谱图中特征峰的位置，确定特征结构的化学位移，用于硫含量分析模型的计算。

几种主要硫元素存在形式的纯物质化学位移确定以后，在建立各物料中硫含量的分析模型时，即可以此区域的特征峰为基础进行计算，此区域的峰强度越大，说明物料中的硫含量越高。而利用 NMR 技术对硫含量进行分析时，其分析模型也会是以这些区域为基础的多元线性关系式。

四、密度的快速分析

各类石油产品的密度在生产和储运过程中，都有着重要的意义。比如，在原料及产品的计量以及炼油产品的设计等方面，在油品质量管理和检验过程中，密度是一项基本而重要的指标，它既是判断油品质量合格与否的标志，又是计算质量的依据。同时，在油品的生产和销售过程中，密度更是具有不可忽视的意义，只有保证石油产品贸易中的密度计量的准确性，才能更好的维护贸易双方的合法权益[5]。

测定石油产品密度的方法主要包括密度计法和比色瓶法[5]。但在石化企业中，大多数物料组成和结构较为复杂。在不同条件下，其组成和性质也会受到影响，发生一定的变化，从而导致密度也会发生变化。各物料密度受到的影响因素较多，且极易发生变化，这大大提高了石化厂对于各物料性质进行监控的难度。而利用 NMR 技术对各物料密度进行分析，可及时有效地为生产提供所需的基础数据，并根据物料性质数据，实时对生产加工方案进行调节和优化。

由于密度是由物料中各结构共同决定的，因而在样品的 NMR 谱图中，各特征峰的强度都会对密度产生影响。在建立密度分析模型时，需对所有区域的特征峰都要进行选择，参与计算，建立物料密度与 NMR 谱图中所有特征峰的多元线性关系,从而实现利用 NMR 技术对密度的快速分析。

五、其他关键物性的快速分析

在石化企业中,油品性质除了水含量、硫含量、酸值、密度几种主要物性外,其他一些关键物性也会受到重点的关注,如馏程、黏度等。而对于不同种类的物料,所关注的物性也会有所差别,例如,汽油所关注关键物性主要是密度、辛烷值、馏程、PONA 值、溴价等,煤油所关注的关键物性主要包括密度、黏度、馏程、闪点、冰点、烟点等,柴油所关注的关键物性主要有密度、十六烷值、馏程、闪点、凝点、硫含量、氮含量、黏度等,而重油所关注的关键物性主要包括密度、黏度、凝点、残炭、馏程、硫含量、氮含量、四组分、金属镍含量和钒含量等。

利用 NMR 技术对各关键物性进行分析时,根据性质特点的不同,建模所用的方法也会有所差异。有些物性只受到其中一种或几种固定结构的影响,在建模时主区域应选择相应结构所对应的化学位移区域,如水含量、硫含量等;有些物性则是受到所有结构的影响,在建模时可选择整个区间作为主区域,如密度、碳氢含量等;而对于部分不知受何结构影响的物性,可采用特定的建模软件进行分析,建模软件通过数学的方法进行计算后,能够判断出 NMR 谱图中哪些区域与该物性的相关性较大,而后可根据软件给出的分析结果合理地选择主区域,建立相应物性的分析模型。

因此,各物性分析模型可基于化学结构分析法和数学分析法两种方法进行建立。对于一些已知受到哪些结构影响的物性,可通过化学结构分析法,根据这些结构的化学位移,选择对应的主区域,建立相应的分析模型;而对于受未知结构影响的物性,可采用数学分析法,判断并选择 NMR 谱图中与该物性相关性较大的区域,从而建立相应物性的分析模型。数学分析法,解决了目前一些无法判断受何结构影响的物性在建立模型时区域选择的问题,进一步拓展了 NMR 技术所分析物性的种类。

由于 NMR 技术主要是对各油品和物料中具体结构进行检测,因而只要与结构有关的物性,皆可采用 NMR 技术进行分析和评价。目前,一些石化企业中已经利用 NMR 技术实现了大部分物料关键物性的快速分析,并且仍有部分物性分析模型正处于探索和开发中,预计未来,NMR 技术所分析的物料种类及其物性个数都会随着石化企业实际的需要而不断提高,NMR 技术在石化领域的应用也必定会取得更为辉煌的成果。

参 考 文 献

[1] 刘喜房,徐建军. 接触汽油劳动者的健康监护[J]. 劳动保护,2015(9):88-89.

[2] 王玝，唐全红，李舜，等．新一代在线核磁共振分析仪在原料油物性快速评价中的应用[J]．石油炼制与化工，2017，48(10)：101-106．
[3] 马守涛，张志华，肖文珍，等．一种含分子筛的馏分油加氢脱酸催化剂及其制备和应用：CN，CN102485332B[P]．2013．
[4] 赵霞，田松柏，王志飞．石油及其产品中硫含量的测定方法[J]．石油与天然气化工，2006，35(6)：480-483．
[5] 单培芝．液体油品密度测定及其影响因素的探讨[J]．卷宗，2013(6)：188．

第五章 典型应用案例

第一节 装置在线核磁共振分析应用案例

一、概述

全流程优化是石油炼制行业创效的重要手段,随着智能工厂迭代建设深入推进,装置实时优化、虚拟制造等系统相继建设,对原料油物性数据的实时、准确、快速提出了更高的要求。石化行业应用基于核磁共振技术的原料油快评系统,能快速检测原油、原料油的物性,为指导生产提供基础数据。

核磁共振技术分析油品自 2016 年 3 月在某石化厂投用以来,实现了对原油及加氢、催化、加裂等原料快评分析,为生产部门及时掌握加工原料油物性变化,为全流程优化工作提供了基础数据。在线核磁分析系统在该石化厂常减压蒸馏装置 2017 年 7 月投用以来,核磁分析仪稳定性得到了充分验证,数据精确度满足实验方法要求。对装置六股物料共 75 个物性每 48min 检测一次,及时为装置实时优化(RTO)和全流程优化运行提供基础数据支撑。

在线核磁快评项目的实施,可以实时检测装置物料的物性,利于全厂全流程优化方案的执行,RTO 在线优化的实现,减少质量过剩,降低成本,减少化验分析劳动负荷,实现常减压装置"卡边"操作,提高效益,让每一滴原油发挥其最大的利用价值。

二、在 NMR 分析系统组成

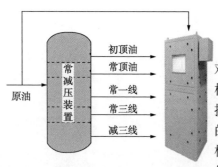

图 5-1 常减压装置 NMR 在线物料分析

常减压装置 NMR 在线分析系统,实现对该常减压装置原料和侧线物料的在线分析,每 6~8min 完成一股物料的分析和置换,在线分析数据直接在 DCS 画面上显示的同时,传输至 RTO 实时数据库中,用于校正原油分子库及分子机理模型建立,RTO 优化结果作为 APC 给定值,优化装置操作。在线分析常减压装置六股物料,具体为:

脱后原油、初顶石脑油、常顶石脑油、常一线、常三线、减三线，如图 5-1 所示。

常减压装置 NMR 在线分析六股物料，物料经粗过滤后引至预处理系统进行处理，目的是控制所要分析的六股物料的切换及物料的恒温恒流，经预处理后，进入 NMR 分析仪进行管线置换 4~6min，置换污油进入常减压装置指定返回点，置换完毕后，静态 2min 分析出结果。此股物料分析完成后，预处理系统切换下一股需要分析的物料，再进行置换，重复上述过程，整个分析过程实现全自动，如图 5-2 所示。

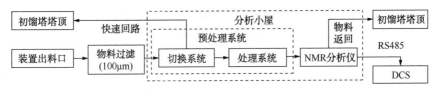

图 5-2　常减压装置物料 NMR 分析流程

三、物料物性分析

某石化厂利用在线 NMR 分析系统实现对常减压装置原油、初顶石脑油、常顶石脑油、常一线、常三线、减三线等六股物料的 75 个物性的快速分析和评价，具体分析物性见表 5-1。

表 5-1　核磁共振分析仪六股物料物性分析表

名称		原油	初顶	常顶	常一线	常三线	减三线
物性	密度	<80℃收率	烷烃含量	烷烃含量	碳含量	碳含量	碳含量
	硫含量	80~120℃收率	烯烃含量	烯烃含量	氢含量	氢含量	氢含量
	水含量	120~180℃收率	环烷烃含量	环烷烃含量	密度	硫含量	硫含量
	碳含量	180~240℃收率	芳烃含量	芳烃含量	初馏点	氮含量	氮含量
	氢含量	240~300℃收率	密度	密度	10%馏程	密度	密度
	酸值	300~350℃收率	初馏点	初馏点	50%馏程	十六烷值	残炭
	氮含量	350~400℃收率	10%馏程	10%馏程	90%馏程	初馏点	碱性氮
	残炭	400~450℃收率	50%馏程	50%馏程	终馏点	10%馏程	10%馏程
	胶质	450~500℃收率	90%馏程	90%馏程	闪点	50%馏程	30%馏程
	沥青质	500~540℃收率	终馏点	终馏点		90%馏程	50%馏程
	凝点	>540℃收率				95%馏程	90%馏程
						终馏点	
						闪点	
数量		22	10	10	9	13	11

注：表中数量为每种物性分析的个数。

四、数据比对

在线核磁分析系统投用一年多以来,分析仪稳定运行。同时,该石化厂持续跟踪核磁分析数据准确性,经过与实验室分析数据比对,各物料性质 NMR 分析结果精确度能满足分析方法所要求的误差范围,下面展示的仅是部分时间段的比对数据。

(一)初顶石脑油在线数据比对

表 5-2(a)~(c)及图 5-3(a)~(c)列举了初顶石脑油密度、终馏点、PONA 值等关键物性的 NMR 分析数据与实验室分析数据的比对情况。

从图中和表中在线分析数据对比情况来看,初顶石脑油密度、终馏点、组成含量等性质的 NMR 分析数据与实验室分析数据相比,密度平均误差为 0.83kg/m³,小于允许误差 1.5kg/m³,仅个别点超出误差范围;终馏点平均误差为 2.8℃,小于允许误差 8.9℃;烷烃含量平均误差为 0.79%,小于允许误差 2.6%。误差满足分析标准所要求允许误差的范围,说明在线 NMR 分析数据能够准确地反映出初顶石脑油性质的变化趋势,从而有利于对产品质量进行控制。

表 5-2(a) 初顶石脑油密度数据比对 kg/m³

时间	2017 年							2018 年		
	11月13日	11月20日	11月27日	12月4日	12月11日	12月18日	12月25日	1月1日	1月8日	1月15日
NMR 分析	696.5	689.6	690.6	695.5	701.9	692.4	693.2	696.3	686.7	687.9
实验分析	695.2	689.3	690.6	696.1	700.4	693.1	692.4	694.7	685.3	688.0
实际误差	1.3	0.3	0.0	0.6	1.5	0.7	0.8	1.6	1.4	0.1
允许误差	1.5	1.5	1.5	1.5	1.5	1.5	1.5	1.5	1.5	1.5

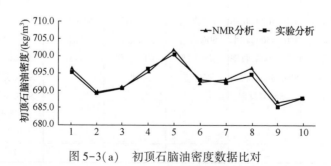

图 5-3(a) 初顶石脑油密度数据比对

表 5-2(b)　初顶石脑油终馏点数据比对　　　　℃

时间	2017 年							2018 年		
	11月13日	11月20日	11月27日	12月4日	12月11日	12月18日	12月25日	1月1日	1月8日	1月15日
NMR 分析	161	160	162	171	159	153	158	161	162	151
实验分析	161	156	160	173	156	147	154	162	163	146
实际误差	0	4	2	2	3	6	4	1	1	5
允许误差	8.9	8.9	8.9	8.9	8.9	8.9	8.9	8.9	8.9	8.9

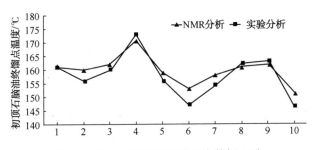

图 5-3(b)　初顶石脑油终馏点数据比对

表 5-2(c)　初顶石脑油烷烃含量数据比对　　　　%(质)

时间	2017 年							2018 年		
	11月13日	11月20日	11月27日	12月4日	12月11日	12月18日	12月25日	1月1日	1月8日	1月15日
NMR 分析	57.16	66.46	63.95	65.76	65.88	64.67	59.14	66.23	66.80	60.98
实验分析	57.23	65.13	65.80	67.24	66.85	65.00	58.37	66.43	67.37	61.31
实际误差	0.07	1.33	1.85	1.48	0.97	0.33	0.77	0.20	0.57	0.33
允许误差	2.60	2.60	2.60	2.60	2.60	2.60	2.60	2.60	2.60	2.60

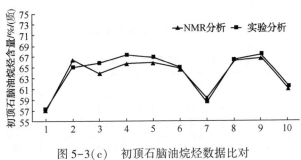

图 5-3(c)　初顶石脑油烷烃数据比对

(二)常顶石脑油在线数据比对

常顶石脑油密度、终馏点、PONA 值等关键物性的 NMR 分析数据与实验室分析数据比对情况见表 5-3(a)~(c)及图 5-4(a)~(c)。

由图中和表中在线分析数据对比情况可以看出，常顶石脑油密度、终馏点、组成含量等性质的 NMR 分析数据与实验室分析数据相比，密度平均误差为 0.88kg/m³，小于允许误差 1.5kg/m³，仅个别点超出误差范围；终馏点平均误差为 2.2℃，小于允许误差 8.9℃；烷烃含量平均误差为 0.68%，小于允许误差 2.6%。误差满足分析标准所要求允许误差的范围，说明在线 NMR 分析数据同样能够准确地反映出初顶石脑油性质的变化趋势，从而有利于对产品的质量进行控制。

表 5-3(a) 常顶石脑油密度数据比对　　　　　　　　　kg/m³

时间	2017 年							2018 年		
	11月13日	11月20日	11月27日	12月4日	12月11日	12月18日	12月25日	1月1日	1月8日	1月15日
NMR 分析	37.5	730.7	730.1	741.2	733.7	736.3	737.8	735.8	738.3	731.5
实验分析	737.3	731.5	729.2	741.3	732.0	735.3	736.9	734.5	737.7	730.2
实际误差	0.2	0.8	0.9	0.1	1.7	1.0	0.9	1.3	0.6	1.3
允许误差	1.5	1.5	1.5	1.5	1.5	1.5	1.5	1.5	1.5	1.5

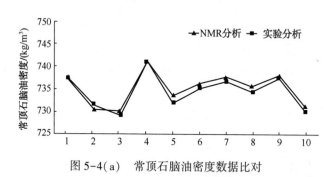

图 5-4(a) 常顶石脑油密度数据比对

表 5-3(b) 常顶石脑油终馏点数据比对　　　　　　　　　℃

时间	2017 年							2018 年		
	11月13日	11月20日	11月27日	12月4日	12月11日	12月18日	12月25日	1月1日	1月8日	1月15日
NMR 分析	163	165	164	166	165	158	159	162	164	162
实验分析	161	164	160	165	160	155	160	162	166	159

续表

时间	2017年							2018年		
	11月13日	11月20日	11月27日	12月4日	12月11日	12月18日	12月25日	1月1日	1月8日	1月15日
实际误差	2	1	4	1	5	3	1	0	2	3
允许误差	8.9	8.9	8.9	8.9	8.9	8.9	8.9	8.9	8.9	8.9

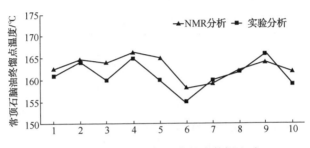

图 5-4(b) 常顶石脑油终馏点数据比对

表 5-3(c)　常顶石脑油烷烃含量数据比对　　　　　　　　%(质)

时间	2017年							2018年		
	11月13日	11月20日	11月27日	12月4日	12月11日	12月18日	12月25日	1月1日	1月8日	1月15日
NMR分析	56.44	52.94	52.78	52.20	56.05	53.77	52.05	54.15	52.05	57.63
实验分析	56.74	54.04	54.05	53.62	55.40	53.06	52.02	54.83	51.93	57.08
实际误差	0.30	1.10	1.27	1.42	0.65	0.71	0.03	0.68	0.12	0.55
允许误差	2.60	2.60	2.60	2.60	2.60	2.60	2.60	2.60	2.60	2.60

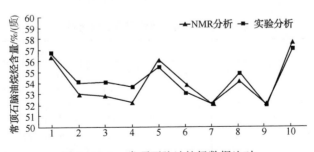

图 5-4(c) 常顶石脑油烷烃数据比对

(三)常一线在线数据比对

表 5-4(a)~(c)及图 5-5(a)~(c)为常一线密度、终馏点、闪点等关键物性

的NMR分析数据与实验室分析数据的比对情况。

从图中和表中在线分析数据对比情况来看，常一线密度、终馏点、闪点等性质的NMR分析数据与实验室分析数据相比，密度平均误差为0.71kg/m³，小于允许误差1.5kg/m³，仅个别点超出误差范围；终馏点平均误差为2.8℃，小于允许误差8.9℃；闪点平均误差为0.55℃，小于允许平均误差2.84℃。误差满足分析标准所要求允许误差的范围，说明在线NMR分析数据能够准确地对常一线物料的质量进行监控，进而对产品质量进行严格地控制。

表5-4(a) 常一线密度数据比对　　　　　　　　　　　　　kg/m³

时间	2017年							2018年		
	11月13日	11月20日	11月27日	12月4日	12月11日	12月18日	12月25日	1月1日	1月8日	1月15日
NMR分析	787.1	792.4	784.2	792.2	784.1	785.8	786.9	784.1	801.0	795.0
实验分析	787.3	793.5	785.1	791.6	784.3	785.0	787.0	785.7	802.2	795.4
实际误差	0.2	1.1	0.9	0.6	0.2	0.8	0.1	1.6	1.2	0.4
允许误差	1.5	1.5	1.5	1.5	1.5	1.5	1.5	1.5	1.5	1.5

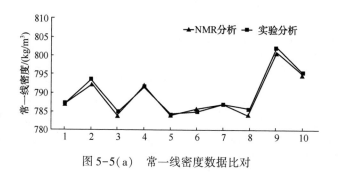

图5-5(a) 常一线密度数据比对

表5-4(b) 常一线终馏点数据比对　　　　　　　　　　　　　℃

时间	2017年							2018年		
	11月13日	11月20日	11月27日	12月4日	12月11日	12月18日	12月25日	1月1日	1月8日	1月15日
NMR分析	219	250	225	225	223	217	226	224	246	252
实验分析	219	256	223	229	220	212	225	222	243	250
实际误差	0	6	2	4	3	5	1	2	3	2
允许误差	8.9	8.9	8.9	8.9	8.9	8.9	8.9	8.9	8.9	8.9

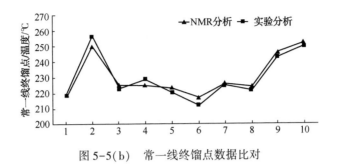

图 5-5(b) 常一线终馏点数据比对

表 5-4(c) 常一线闪点数据比对 ℃

时间	2017 年							2018 年		
	11月13日	11月20日	11月27日	12月4日	12月11日	12月18日	12月25日	1月1日	1月8日	1月15日
NMR 分析	39.6	39.4	40.6	42.2	39.3	39.2	40.4	37.7	41.1	40.3
实验分析	40.0	38.5	39.0	43.0	39.0	38.5	40.3	37.9	41.5	40.2
实际误差	0.4	0.9	1.6	0.8	0.3	0.7	0.1	0.2	0.4	0.1
允许误差	2.8	2.8	2.8	3.0	2.8	2.8	2.9	2.7	2.9	2.9

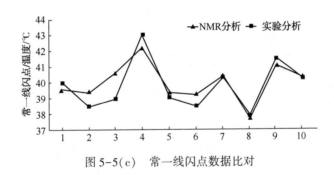

图 5-5(c) 常一线闪点数据比对

(四)常三线在线数据比对

常三线密度、95%回收温度、硫含量等关键物性的 NMR 分析数据与实验室分析数据比对情况见表 5-5(a)~(c)及图 5-6(a)~(c)。

由图中和表中在线分析数据对比情况可以看出,常三线密度、95%回收温度、硫含量等性质的 NMR 分析数据与实验室分析数据相比,密度平均误差为 0.65kg/m³,小于允许误差 1.5kg/m³;95%回收温度平均误差为 2.2℃,小于允许误差 8.9℃;硫含量平均误差为 0.0286%,小于允许平均误差 0.0836%。NMR 分析数据和实验室分析数据相差较小,误差满足分析标准所要求允许误差的范围,说明在线 NMR 分析数据能够准确地反映出常三线物料性质的变化趋势,有利于控制下游装置产品质量。

表 5-5(a)　常三线密度数据比对　　　　　　　　　　kg/m³

时间	2017 年							2018 年		
	11月13日	11月20日	11月27日	12月4日	12月11日	12月18日	12月25日	1月1日	1月8日	1月15日
NMR 分析	860.2	855.1	852.9	865.0	852.8	856.0	863.9	853.9	856.9	855.0
实验分析	859.1	855.8	853.4	864.7	853.2	855.0	862.7	854.2	856.3	855.4
实际误差	1.1	0.7	0.5	0.3	0.4	1.0	1.2	0.3	0.6	0.4
允许误差	1.5	1.5	1.5	1.5	1.5	1.5	1.5	1.5	1.5	1.5

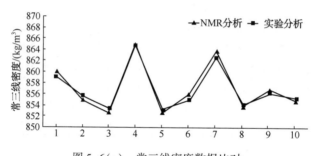

图 5-6(a)　常三线密度数据比对

表 5-5(b)　常三线 95% 回收温度数据比对　　　　　　　　　　℃

时间	2017 年							2018 年		
	11月13日	11月20日	11月27日	12月4日	12月11日	12月18日	12月25日	1月1日	1月8日	1月15日
NMR 分析	353	358	349	353	355	350	359	358	353	350
实验分析	351	358	345	352	360	347	361	357	351	348
实际误差	2	0	4	1	5	3	2	1	2	2
允许误差	8.9	8.9	8.9	8.9	8.9	8.9	8.9	8.9	8.9	8.9

表 5-5(c)　常三线硫含量数据比对　　　　　　　　　　%(质)

时间	2017 年							2018 年		
	11月13日	11月20日	11月27日	12月4日	12月11日	12月18日	12月25日	1月1日	1月8日	1月15日
NMR 分析	0.626	0.606	0.612	0.571	0.643	0.643	0.673	0.670	0.617	0.659
实验分析	0.571	0.563	0.577	0.564	0.665	0.661	0.702	0.697	0.638	0.688
实际误差	0.055	0.043	0.035	0.007	0.022	0.018	0.029	0.027	0.021	0.029

续表

时间	2017年							2018年		
	11月13日	11月20日	11月27日	12月4日	12月11日	12月18日	12月25日	1月1日	1月8日	1月15日
允许误差	0.079	0.078	0.079	0.076	0.086	0.086	0.090	0.090	0.083	0.089

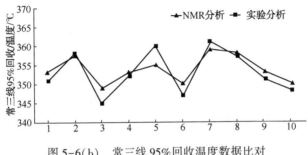

图 5-6(b) 常三线95%回收温度数据比对

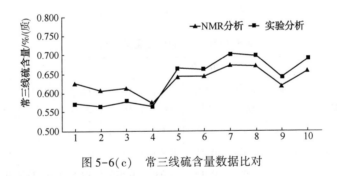

图 5-6(c) 常三线硫含量数据比对

(五)原油在线数据比对

表 5-6(a)~(d)及图 5-7(a)~(d)为原油密度、硫含量、酸值、残炭等关键物性的 NMR 分析数据与实验室分析数据的比对情况。

由图中和表中在线分析数据对比情况可以看出，原油密度、酸值、硫含量、残炭等性质的 NMR 分析数据与实验室分析数据相比，密度平均误差为 0.65kg/m³，小于允许误差 1.5kg/m³；95%回收温度平均误差为 2.2℃，小于允许误差 8.9℃；硫含量平均误差为 0.0286%，小于允许平均误差 0.0836%。NMR 分析数据和实验室分析数据吻合，说明在线 NMR 分析数据能够准确地反映出原油的性质变化趋势，能够及时指导后续操作的优化调整，对生产加工过程具有非常重要的意义。

表 5-6(a)　原油密度数据比对　　　　　　　　　　kg/m³

时间	2017 年							2018 年		
	11月13日	11月20日	11月27日	12月4日	12月11日	12月18日	12月25日	1月1日	1月8日	1月15日
NMR 分析	877.6	877.6	873.1	881.8	869.9	890.3	887.2	873.9	859.8	855.9
实验分析	877.4	878.4	875.1	883.0	871.4	891.6	888.6	875.2	859.7	856.5
实际误差	0.2	0.8	2.0	1.2	1.5	1.3	1.4	1.3	0.1	0.6
允许误差	1.5	1.5	1.5	1.5	1.5	1.5	1.5	1.5	1.5	1.5

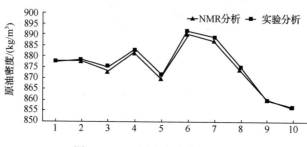

图 5-7(a)　原油密度数据比对

表 5-6(b)　原油硫含量数据比对　　　　　　　　　%(质)

时间	2017 年							2018 年		
	11月13日	11月20日	11月27日	12月4日	12月11日	12月18日	12月25日	1月1日	1月8日	1月15日
NMR 分析	0.915	0.894	0.976	0.997	0.898	1.058	0.916	0.899	0.832	0.801
实验分析	0.912	0.874	0.924	0.971	0.929	1.032	0.954	0.932	0.793	0.773
实际误差	0.003	0.020	0.052	0.026	0.031	0.026	0.038	0.033	0.039	0.028
允许误差	0.118	0.114	0.122	0.126	0.118	0.134	0.120	0.118	0.105	0.102

表 5-6(c)　原油酸值数据比对　　　　　　　　　mgKOH/g

时间	2017 年							2018 年		
	11月13日	11月20日	11月27日	12月4日	12月11日	12月18日	12月25日	1月1日	1月8日	1月15日
NMR 分析	0.97	0.95	0.89	0.91	0.84	0.75	1.00	0.85	0.91	0.88
实验分析	0.99	0.94	0.91	0.95	0.89	0.73	0.90	0.79	0.88	0.87
实际误差	0.02	0.01	0.02	0.04	0.05	0.02	0.10	0.06	0.03	0.01
允许误差	0.28	0.27	0.27	0.27	0.26	0.25	0.27	0.26	0.27	0.26

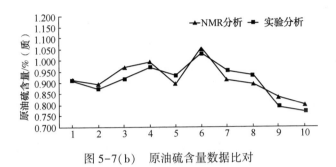

图 5-7(b)　原油硫含量数据比对

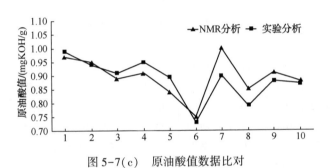

图 5-7(c)　原油酸值数据比对

表 5-6(d)　原油残炭含量数据比对　　　　　　　　　　　%(质)

时间	2017 年							2018 年		
	11月13日	11月20日	11月27日	12月4日	12月11日	12月18日	12月25日	1月1日	1月8日	1月15日
NMR 分析	4.99	5.20	4.77	5.66	4.91	5.62	5.66	4.65	4.42	4.89
实验分析	4.96	5.11	4.72	5.88	4.64	5.98	5.90	4.78	4.38	5.01
实际误差	0.03	0.09	0.05	0.22	0.27	0.36	0.24	0.13	0.04	0.12
允许误差	0.71	0.73	0.69	0.79	0.70	0.79	0.79	0.69	0.66	0.71

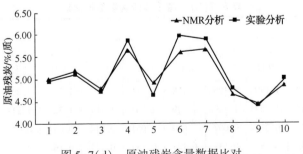

图 5-7(d)　原油残炭含量数据比对

（六）减三线在线数据比对

减三线密度、硫含量、残炭等关键物性的 NMR 分析数据与实验室分析数据比对情况见表 5-7(a)~(c) 及图 5-8(a)~(c)。

从图中和表中在线分析数据对比情况来看，减三线密度、硫含量、残炭等性质的 NMR 分析数据与实验室分析数据相比，密度平均误差为 $1.02kg/m^3$，小于允许误差 $1.5kg/m^3$，两个点超出误差范围；硫含量平均误差为 0.031%，小于允许平均误差 0.1565%；残炭含量平均误差为 0.077%，小于允许平均误差 0.249%，误差满足分析标准所要求允许误差的范围，说明在线 NMR 分析系统能够实时准确地对减三线物料的质量进行监控，进而促进下游装置的平稳生产。

表 5-7(a)　减三线密度数据比对　　　　　　　　　　kg/m^3

时间	2017 年							2018 年		
	11月13日	11月20日	11月27日	12月4日	12月11日	12月18日	12月25日	1月1日	1月8日	1月15日
NMR 分析	931.2	919.8	926.3	930.1	918.1	922.5	928.1	932.3	920.0	929.7
实验分析	931.9	918.9	928.1	930.9	919.0	922.9	929.6	933.9	920.9	930.4
实际误差	0.7	0.9	1.8	0.8	0.9	0.4	1.5	1.6	0.9	0.7
允许误差	1.5	1.5	1.5	1.5	1.5	1.5	1.5	1.5	1.5	1.5

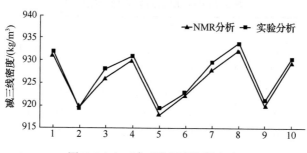

图 5-8(a)　减三线密度数据比对

表 5-7(b)　减三线硫含量数据比对　　　　　　　　　　%(质)

时间	2017 年							2018 年		
	11月13日	11月20日	11月27日	12月4日	12月11日	12月18日	12月25日	1月1日	1月8日	1月15日
NMR 分析	1.212	1.190	1.196	1.168	1.211	1.201	1.270	1.201	1.268	1.319
实验分析	1.184	1.227	1.189	1.139	1.262	1.187	1.321	1.217	1.302	1.363
实际误差	0.028	0.037	0.007	0.029	0.051	0.014	0.051	0.016	0.034	0.044
允许误差	0.152	0.154	0.152	0.147	0.157	0.152	0.164	0.154	0.163	0.170

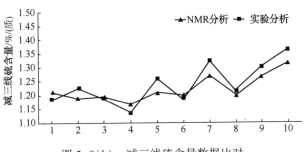

图 5-8(b) 减三线硫含量数据比对

表 5-7(c) 减三线残炭含量数据比对　　　　　　　　　　%(质)

时间	2017 年							2018 年		
	11月13日	11月20日	11月27日	12月4日	12月11日	12月18日	12月25日	1月1日	1月8日	1月15日
NMR 分析	1.19	1.09	1.11	1.09	0.91	1.11	1.02	1.24	1.01	0.86
实验分析	1.28	1.02	1.09	1.05	0.84	1.01	0.90	1.11	0.93	0.81
实际误差	0.09	0.07	0.02	0.04	0.07	0.10	0.12	0.13	0.08	0.05
允许误差	0.28	0.25	0.26	0.26	0.22	0.25	0.24	0.27	0.24	0.22

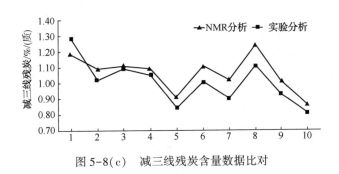

图 5-8(c) 减三线残炭含量数据比对

五、应用效果

1. 实时在线监控原油性质及变化趋势

结合 RTO 项目需求，当前该石化厂可以利用在线 NMR 分析系统实时监控原油、初顶石脑油、常顶石脑油、常一线、常三线、减三线等六股物料的 75 个物性的数值，并将数据实时上传至 DCS 系统，见表 5-8。同时，还可以提供历史数据查询与变化趋势曲线展示，如图 5-9(a)、(b)所示。

表 5-8 在线核磁分析实时数据

侧线	物性名称	实时值	最大值	最小值	平均值
原油	密度/(kg/m³)	874.60	867.29	863.62	866.30
	硫含量/%(质)	0.86	0.92	0.77	0.86
	水含量/%(质)	0.06	0.09	0.06	0.07
	酸值/(mgKOH/g)	0.88	0.90	0.84	0.88
	残炭/%(质)	4.74	5.26	4.56	4.90
	氮含量/(mg/kg)	2161.39	2308.35	1961.90	2199.94
	碳含量/%(质)	86.16	86.16	85.72	85.83
	氢含量/%(质)	12.38	12.56	11.87	12.22
	胶质/%(质)	21.44	29.88	14.03	22.77
	沥青质/%(质)	1.78	1.85	1.26	1.63
	凝点/℃	-17.04	-6.66	-23.46	-17.19
	<80℃收率/%(质)	4.15	5.41	3.86	4.26
	80~120℃收率/%(质)	5.48	5.78	5.30	5.62
	120~180℃收率/%(质)	8.44	10.25	6.69	8.09
	180~240℃收率/%(质)	7.47	8.19	6.61	7.44
	240~300℃收率/%(质)	8.56	8.92	8.33	8.70
	300~350℃收率/%(质)	8.13	8.41	7.99	8.16
	350~400℃收率/%(质)	5.96	6.39	5.22	5.86
	400~450℃收率/%(质)	9.59	10.23	9.28	9.64
	450~500℃收率/%(质)	9.19	9.43	8.94	9.18
	500~540℃收率/%(质)	5.62	5.87	5.20	5.62
	>540℃收率/%(质)	27.40	28.65	25.37	27.43
初顶	密度/(kg/m³)	683.53	695.82	685.37	693.92
	初馏点/℃	29.58	31.25	28.78	29.29
	终馏点/℃	168.08	169.42	159.70	165.14
	烷烃含量/%(质)	64.01	64.36	62.94	63.86
	烯烃含量/%(质)	0.04	0.04	0.03	0.04
	环烷烃含量/%(质)	29.66	30.81	29.61	30.01
	芳烃含量/%(质)	6.29	6.56	4.96	6.09
	10%馏程/℃	47.58	50.70	43.89	46.10
	50%馏程/℃	89.94	94.03	85.69	89.24
	90%馏程/℃	132.42	135.07	125.28	131.22

续表

侧线	物性名称	实时值	最大值	最小值	平均值
初顶	密度/(kg/m³)	730.70	733.71	725.92	730.94
	初馏点/℃	44.24	46.21	44.15	45.31
	终馏点/℃	162.08	163.92	161.20	162.54
	烷烃含量/%(质)	52.16	52.72	51.66	52.04
常顶	烯烃含量/%(质)	0.13	0.19	0.13	0.16
	环烷烃含量/%(质)	35.92	36.10	35.14	35.92
	烯烃含量/%(质)	0.13	0.19	0.13	0.16
	环烷烃含量/%(质)	35.92	36.17	35.14	35.92
	芳烃含量/%(质)	11.78	12.26	11.57	11.87
	10%馏程/℃	86.47	89.03	84.67	88.22
	50%馏程/℃	120.93	123.29	119.85	122.32
	90%馏程/℃	142.58	144.48	141.02	143.78
	密度/(kg/m³)	777.09	785.88	781.24	784.26
	初馏点/℃	148.04	150.24	145.68	148.79
常一线	终馏点/℃	219.06	229.20	220.21	226.41
	闪点/℃	39.47	40.23	38.45	39.80
	碳含量/%(质)	84.97	85.12	84.70	84.85
	氢含量/%(质)	13.78	13.87	13.72	13.77
	10%馏程/℃	164.94	168.75	164.70	167.31
	50%馏程/℃	178.67	185.16	178.17	183.16
	90%馏程/℃	197.80	208.90	196.28	205.45
	碳含量/%(质)	86.15	86.47	85.90	86.22
	氢含量/%(质)	12.63	12.95	12.32	12.61
	氮含量/(mg/kg)	349.94	370.38	305.98	328.72
	十六烷值	53.01	55.23	52.94	53.94
常三线	初馏点/℃	220.56	223.71	220.19	220.93
	10%馏程/℃	275.34	278.09	275.30	276.48
	50%馏程/℃	312.59	317.85	310.60	313.44
	90%馏程/℃	341.78	345.70	336.20	340.84
	终馏点/℃	356.13	360.05	350.55	355.19
	闪点/℃	105.64	105.86	104.95	105.71

续表

侧线	物性名称	实时值	最大值	最小值	平均值
	密度/(kg/m³)	857.08	857.19	850.97	854.39
	95%馏出温度/℃	348.96	352.88	343.38	348.02
	硫含量/%(质)	0.38	0.53	0.38	0.48
	密度/(kg/m³)	924.17	927.04	920.71	924.67
	残炭/%(质)	1.08	1.16	1.04	1.08
	硫含量/%(质)	1.06	1.10	1.03	1.07
减三线	90%馏出温度/℃	550.19	553.04	548.07	551.34
	碳含量/%(质)	87.28	87.36	86.79	87.03
	氢含量/%(质)	12.03	12.34	11.43	11.77
	氮含量/(mg/kg)	2637.25	2836.33	2466.06	2565.61
	碱性氮/%(质)	0.00	0.00	0.00	0.00
	10%馏程/℃	453.64	455.94	452.47	455.12
	30%馏程/℃	478.32	480.98	478.14	479.22
	50%馏程/℃	493.37	497.94	492.52	495.77

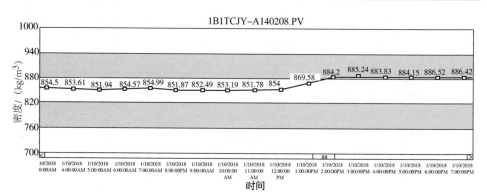

图 5-9(a) 在线核磁分析仪原油密度变化趋势

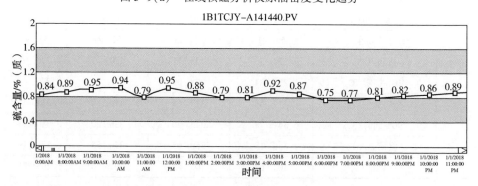

图 5-9(b) 在线核磁分析仪原油硫含量变化趋势

2. 控制产品质量的稳定

在线核磁共振分析系统投用后，可实时跟踪初顶油和常顶油的终馏点的变化，并结合 APC 的控制，优化调整，使得初顶油和常顶油的终馏点的波动幅度明显下降，从而促进了装置产品的卡边控制和操作稳定运行，如图 5-10(a)、(b) 所示。

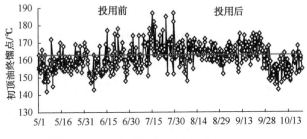

图 5-10(a)　初顶油终馏点波动幅度情况

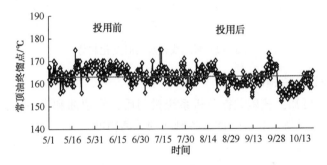

图 5-10(b)　常顶油终馏点波动幅度情况

3. 控制下游装置产品质量

由图 5-11 可知，核磁共振分析系统投用后，可实时跟踪监控常三线的 95%点馏出温度的变化并及时调整，常三线 95%馏出温度波动幅度明显下降，确保下游加氢装置精制柴油合格受控。

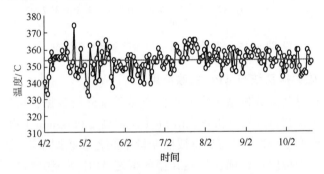

图 5-11　常三线 95%点馏出温度波动幅度情况(2017 年)

4. 促进下游装置平稳生产

利用 NMR 在线分析仪的实时监控数据,调节装置工艺参数来满足下游装置对原料的质量需求。由图 5-12 可知,2017 年 10 月 10 日,减三线残炭明显下降,2017 年 10 月 11 日晚逐渐恢复至正常值,说明通过核磁共振分析仪可实时监控减三线残炭含量,并根据分析结果快速调整操作至目标值,操作效率明显提高。

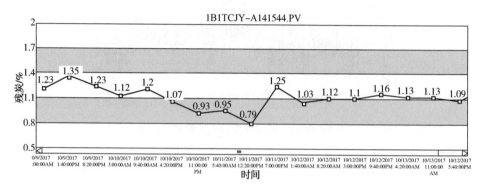

图 5-12 减三线残炭实时变化趋势

5. 提高装置分离精度

由图 5-13 可知,核磁共振分析系统投用后,常顶油和常一线油的重叠度明显下降,有效地提高了装置分馏塔各侧线的分离精度。

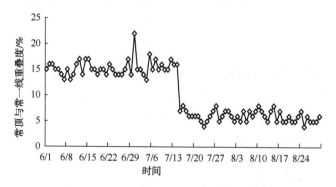

图 5-13 常顶油与常一线油重叠度变化情况

6. 在线核磁共振系统与 APC 关联应用

通过在线核磁共振分析系统实时提供产品质量分析数据,可以替代 APC 软仪表数据,卡边控制目标的分析频次由 8h 1 次提高至每 45min 1 次,再通过调整各控制器的操作变量(MV),逐步将被控变量中的各参数调整至设定范围,产品质量卡边控制更加稳定。目前,核磁共振数据在 APC 系统中的主要应用为:初顶油终馏点、常顶油终馏点、常一线闪点、常三线95%馏出温度等，见表5-9。

表5-9　APC系统中常顶油终馏点、常一线闪点、常三线95%馏出温度(CV)

℃

PIC1220B.PV		100.0	102.71	200.0	102.415
PIC1221B.PV		100.0	124.97	170.0	126.095
PIC1222B.PV		150.0	172.86	210.0	174.180
PIC1113B.PV	常一线出装置流量	34.0	34.45	41.0	34.533
PIC1109B.PV	常二线出装置流量	54.0	57.82	60.0	57.679
PIC1111B.PV	常三线出装置流量	35.0	35.63	62.0	35.703
TIC1221A.PV	常顶油气出口温度	118.0	117.68	125.0	117.345
TI1230A.PV	常一油气出口温度	165.0	175.11	196.0	175.775
TI1232A.PV	常二油气出口温度	236.0	239.52	256.0	240.881
TI1234A.PV	常三油气出口温度	302.0	314.08	311.0	315.102
ATOP90P.PV	常顶汽油干点	155.0	162.00	165.0	162.000
ASID10P.PV	常一线闪点	40.0	45.00	46.0	45.000
AS2L360.PV	常三线90%点	360.0	366.00	360.0	366.000

7. 在线核磁共振系统与全流程优化关联应用

利用在线核磁快评数据，结合某公司软件提供的原油分子级数据库和原油分子组分拟合算法，获取进常减压装置混合原油的分子组成和分子物性，并将原油分子级表征的原油数据导入到基于实时优化平台的该常减压装置机理模型，根据既定设置的优化目标，自动计算给出最优的操作点(优化变量设定值)，通过稳态检测后，由实时优化平台将生成的优化操作点写到RTO专用实时数据库中，最后下达给APC控制器实施，打破优化层面与操作层面壁垒，达到装置智能化自动闭环操作，最终实现"原油到操作参数一体化优化集成"，如图5-14所示。

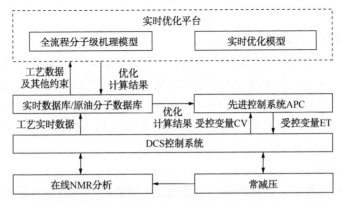

图5-14　核磁在线分析数据与APC、RTO、DCS系统联动优化示意图

第二节 NMR在原油调和中的应用案例

一、前言

当今炼油行业的市场竞争压力迫使石化企业都在寻找和利用廉价的原油,如高硫、高酸、重质稠油等,以提高经济效益。在原油市场购买不同廉价原油后,因这些原油通常和石化企业装置初始设计加工的原油差别很大,这就会给石化厂的生产管理和操作控制带来巨大的影响,甚至无法加工,因此如何科学精细地加工这些劣质、廉价原油,对炼油生产来说是一个挑战。

原油品质的变化直接影响产品切割点的优化、产品质量的控制、装置的有效处理量以及能量消耗,同时也影响了过程设备的长周期稳定运行。原油成分是否稳定影响到炼油厂的正常生产运行,稳定的原油成分可以带来更为稳定的操作、油品质量的保证、能耗的降低,并能维持设备的可靠性;原油性质的相对稳定均衡,对装置平稳操作、防范设备腐蚀和生产优化至关重要。目前炼油企业广泛采用人工调和或其他调和软件,存在诸多问题,如果没有快速及时地得到原油物性数据手段,装置进料性质波动大,手工计算比例配比量不精确,所以以前这种原油调和方式并不可靠,不会取得很好的效果。在原油加工前,对原油性质进行分析评价是炼化企业生产中的重要环节,随着原油快速评价技术的成熟和应用,为原油自动调和技术的快速发展提供了有效的支持[1]。

二、原油调和方案

目前国内外原油的调和混炼方式一般有两种,一种是进原油罐混合,另外一种就是在线调和。

1. 原油罐内混合(批次调和)

不同类型的原油分开存储,各自以特定的体积装载到调和罐中进行混合,直到得到均匀组成的调和原油。调和罐内是机械搅拌或者循环混合,需要多次取样分析以确定样品是否均匀,是否满足预先设定的技术指标,如果存在差异,就必须对调和进行修正。罐内调和的整个过程非常耗时耗力,需要多个原油罐组合,价格昂贵。

2. 管道调和

与罐内调和相比,管道调和一般是通过同时传输不同类型的原油进入静态混合器混合,混合后去最终的原料罐或直接进装置。对同类型的原油之间预先设定的流量比,按质量要求调和成目标原油,并且通过改变不同原料的流动比,能够在线修正调和原油的品质。调和是瞬时完成的，不需要搅拌调和罐。为了有效的、无误差的调和，必须要有在线过程分析仪器，它可以对调和下游进行瞬态检测，为调和操作人员提供调和产品所需要的质量信息。这样，在调和过程中就能够实时在线地进行修正，保证调和原油满足预先设定的特性要求。

三、国外某炼化企业的 NMR 在线原油调和系统应用

以国外某炼化企业为例，该企业利用 NMR 在线分析系统，建立了原料油快评及原油优化调和系统，快速分析多种原油物性，经过不同质量的调和，得到有利于装置生产的目的原油，很好地解决了劣质原油的掺炼问题，为企业带来巨大的经济效益。

1. NMR 调和系统功能和框架

原油优化系统功能模块和框架如图 5-15 所示，某炼化企业建立的在线分析仪器对原油实施的在线调和系统如图 5-16 所示。

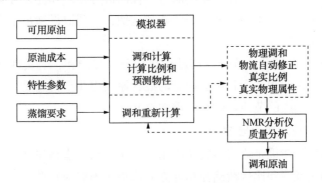

图 5-15　原油优化调和系统功能

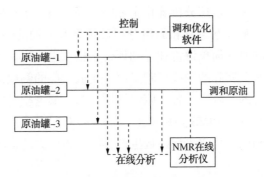

图 5-16　NMR 在原油调和工艺中取样分析功能示意图

该原油调和工艺是在基于 NMR 在线分析仪、信息管理系统和调和优化系统

的基础上执行的。从原油罐或者原油管线输送过来的原油,通过取样管线,直接进入 NMR 分析系统,完成对原油物性的实时在线分析和评价,NMR 分析系统直接分析的原油的 22 个物性(包括 API°、密度、实沸点(TBP)、硫含量、酸值、水含量、残炭、沥青质等),分析数据通过 NMR 分析系统工业通讯网络,全部传送至信息管理系统。

信息管理系统根据排产计划、库存管理现状,制定原油调和方案和原油的调度计划,确定各组分罐或者组分管线所需的流量、原油调和比的上下限设定,以及产品质量约束等条件、要求进入调和优化系统。NMR 分析仪器对组分原油和调和后的原油物性实时在线分析,得到原油调和控制提供原油物性的前馈信号和反馈信号,数据处理中心根据前馈信号、反馈信号和调和方案目标设定,计算出不同组分原油的最佳调和比率,形成控制指令,发送给现场的执行系统调和控制阀,最终为生产装置提供一个性质稳定的混合原油。混合原油的分析数据也实时传入信息管理系统,与优化方案设定的目标控制进行比对和优化方案的迭代,不断更新优化方案,调整不同调和组分的调和比例,直到取得满足生产调度要求的原油的物性为止。

利用 NMR 配套调和系统对原油进行在线分析和调和,对实现满足装置加工要求而制定的原油调和目标和保证稳定的混合原油物性至关重要,对保证炼油装置的平稳运行、生产的节能增效都有重大意义。

2. 原油调和技术应用成效

原油调和技术在该企业获得成功应用,该技术在快速感知原油性质、原油调和调度优化和实现调和比例精确控制等方面取得了预期的效果。

(1)快速感知原油性质

原油快速评价系统可快速分析炼化企业的进罐原油、罐存原油以及各套常减压装置的进料性质,解决参与调和的组分原油及调和原油的性质快速检测问题。该系统可按照标准的原油简单评价和详细评价表格式生成原油性质数据,还可根据石化企业常减压装置实际的侧线切割温度,生成相应的侧线产品收率,也可以产生生产调度所关心的常减压装置各侧线性质数据,如重整料的芳潜、蜡油的四组分等。同时,该系统为 PIMS、ORION、Petrosim 提供及时准确的原油详细评价数据,使计划优化和调度优化更加贴近生产实际,也极大地推动了过程模拟软件在企业的应用。

该系统通过快评数据的反推计算,实现了管线原油的性质跟踪。

表 5-10 为该系统对储罐原油性质的矫正,保证原油性质的准确性,提高调和优化精度。

表 5-10 原油快评对储罐原油性质的矫正作用

状态	时间	油种组分 （巴士拉：荣卡多）	质量/t	密度 /（kg/m³）	硫含量 /%（质）	酸值 /（mgKOH/g）
进油前	2016/3/4 16：49	100.00%：0.00%	8232	886.9	2.78	0.26
进油中	2016/3/4 23：54	37.31%：62.69%	22065	911.32	1.43	1.4
进油后	2016/3/5 9：09	20.34%：79.66%	40480	918.16	1.06	1.71
快评后	2016/3/5 12：24	20.34%：79.66%	40480	919.23	1.07	1.54

（2）实现原油调度优化

原油调和优化系统可以优化装置原油结构，在不超装置设防值和保证二次加工装置原料质量的前提下，尽可能掺炼低原油成本从而有效降低原油采购成本，并实现卡边操作。表 5-11 为原油调和优化系统在原油调和中的应用。在应用该系统后，装置加工的原油成本降低 8 元/t 原油。

表 5-11 原油调和优化系统在原油调和的应用

项目	评价前人工经验比例			评价后优化比例		
	科威特	沙特重质	调和后	科威特	沙特重质	调和后
占比/%	20.00	80.00		15.52	84.48	
API 度	29.76	27.55	27.99	29.76	28.15	28.4
硫含量/%	2.57	2.85	2.79	2.57	2.73	2.71
酸值/（mgKOH/g）	0.21	0.24	0.23	0.21	0.23	0.23
石脑油收率/%	19.33	14.14	15.18	19.33	17.01	17.37
渣油收率/%	27.25	21.392	32.86	27.25	32.96	31.41
原油价格/（元/t）	4891	4697	4735	4891	4697	4727

原油调和优化系统采用先进的非线性算法和不同的优化方式，支持硫含量、酸值、石脑油收率等多个优化性质参与优化。

（3）实现原油调和比例精确控制

原油调和控制系统实现了原油调和自动化，大大降低了劳动强度，其小比例调和功能保证调和比例的精确，见表 5-12。在三批次原油的调和中，小比例调和的比例小于 10%，且比例误差小于 1%，取得较满意的效果。

表 5-12　原油调和开展系统小比例控制实例

序号	日期	任务单编号	储罐及主油种	计划占比/%	实际占比/%
1	2016/8/21	20160819-001（20kt）	V08 南帕斯	5	4.91
			V12 巴士拉	47.5	47.49
			V12 巴士拉	47.5	47.6
2	2016/8/23	20160819-002（13kt）	V08 南帕斯	8	7.88
			V03 巴士拉	46	46.11
			V03 巴士拉	46	47.46
3	2016/8/25	20160819-003（19kt）	V08 南帕斯	2	2.05
			V12 巴士拉	49	49.02
			V14 巴士拉	49	48.93

四、结论

以上实例表明：NMR 在线分析系统应用于原油的在线调和优势明显。原油的在线快速评价系统可以有效地解决石化企业原油调和过程中的原油性质快速检测和分析。该系统通过在线快速分析原油性质，及时矫正储罐混合原油性质，准确把握参与调和的原油组分性质，为原油的在线优化调和提供原油特性的实时反馈，确保了常减压装置加工原油性质的稳定及加工适用于本装置加工的原油[2]。

参　考　文　献

[1] 林立敏，陈建，金加剑. 核磁共振在线分析技术及其在炼油和化工装置中的应用. 石油化工自动化，2004(3)：55-59.

[2] 赵刚. 原油调和技术的研究与应用[D]. 东营：中国石油大学(华东)，2007.